JN199223

東京書籍

# ビジュアル INDEX

この本は、「PART1. 身近な水面下」、「PART2. 水面下の植物・動物のふしぎ」、「PART3. 地球規模の水面下」、「PART4. 人類と水面下」の4つのパートに分かれています。

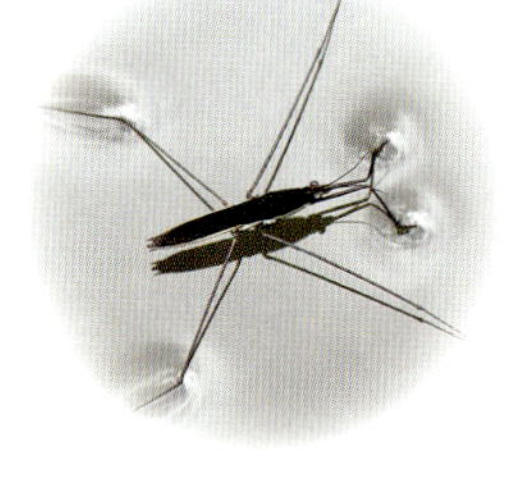

PART2

# 2 水面下の植物・動物のふしぎ 31

大陸斜面
海山
深海底の平坦面
海溝
大陸プレート
海洋プレート

浮力
水圧 小
水圧 大
じんかい6500
JAMSTEC
AUV-EX1
うらしま
URASHIMA


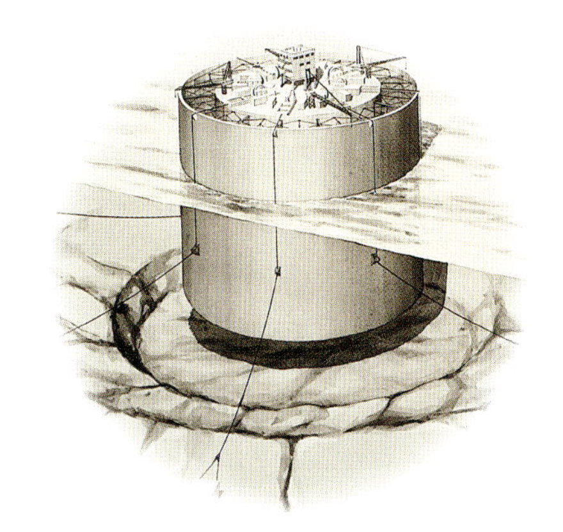

# はじめに

川や池は水が透明で水面下がきれいにみえるところがあります。反面、水が色づいていたりにごっていたりして、まったく水面下がみえないところもあります。みえないと、水中はどうなっているのだろう？　魚や生物はいるのかな？と、ふしぎに思うものです。

それは、自然界のものばかりではありません。人間がつくったものが、水面下でどうなっているのか知りたくなることもよくあるはずです。

2018年３月21日、神奈川県にある小田原城の堀の水ぬきがおこなわれました。前回おこなわれたのは1980年で、38年ぶりのことでした。この目的は、堀の清掃と外来生物の駆除。今回は、テレビ局とのタイアップでおこなわれましたが、にごった水面下に何がいるの？　堀の構造はどうなっているの？　と、多くの見物客が堀のまわりを取りかこみました。

近代的な人工物も、水面下がどのようになっているのか、大いに興味をそそります。

東京湾をまたぐ「アクアライン」とよばれる道路は、千葉県側からのびてきた橋の上を走り、海の真ん中で、その先は、神奈川県へ向かって水面下にしずんでいきます。いったいどんな構造になっているのでしょう？

視野を広くして考えてみましょう。北極の水面下、すなわち、氷の下は、どうなっているのでしょうか。北極の氷の厚さは最大で10mぐらいで、その下の海の深さは、最大で5000m以上に達すると推定されています。

水面下に興味をもつ人のなかには、フランスのジュール・ヴェルヌ（1828～1905年）が1870年に発表した古典的なSF小説『海底二万里』を思いだす人も多いのではないでしょうか。

争いごとの多い地上をすてて海中にもぐった天才ネモ艦長と、彼が乗りこんだ超巨大潜水艦ノーチラス号の冒険を描いたこの小説は、世界中の人びとを水面下の世界に誘ってきました。1954年にはウォルト・ディズニーによって映画化されたので、子どもたちにも知られるようになりました。

現代のわたしたちには、海底のようすがだんだんわかってきました。

世界一深い海は、北西太平洋のマリアナ諸島の東に位置するマリアナ海溝だということもわかっています。最新の計測によると、マリアナ海溝の最深部は、水深1万911mです。これは、海面を基準にして、世界一高いエベレスト山を逆さにしても、その山頂が海の底につかないほどの深さです。

科学の進歩により、こうしたことまでがわかるようになりました。それでも、わたしたちは、身のまわりにある水から地球規模の水まで、その水面下への興味・関心はつきません。

それは、水面の上からでは、みえそうでみえない・わかりそうでわからないということが、かえってわたしたちの「ふしぎ」を掻きたてるからかもしれません。

左ページの小田原城の堀の水ぬきのように「池や沼の水をくみ出してどろをさらい、魚などの生物を獲り、天日に干す」ことは「かいぼり」といい、漢字にすると「掻い掘り」です。この漢字の「掻」は、「ふしぎを掻きたてる」にもつかわれます。

読者のみなさんには、これまでの**『目でみる単位の図鑑』『目でみる算数の図鑑』『目でみる１mmの図鑑』『目でみる地下の図鑑』**とともに、この本の水面下の世界を目でみて楽しんでいただけると、とてもうれしいです。

稲葉茂勝
子どもジャーナリスト Journalist for Children

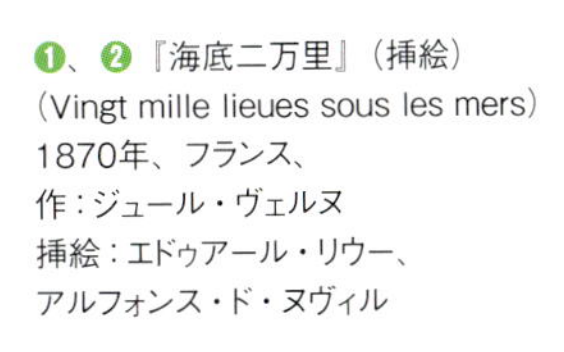
❶、❷『海底二万里』（挿絵）
（Vingt mille lieues sous les mers）
1870年、フランス、
作：ジュール・ヴェルヌ
挿絵：エドゥアール・リウー、
アルフォンス・ド・ヌヴィル

# この本の見方

この本では、身近な水面下から地球規模の水面下、人類との関係まで、いろいろな水面下の世界をみていきます。

**テーマ**
そのページでとりあげている水面下に関するテーマ。パート１からパート４までの４つに分かれている。

**ポイント**
注目してほしいポイントについて一言でコメント。

**深さ**
そのページで紹介している内容がだいたいどのくらいの深さのことかを示す。

PART 1 身近な水面下

①水たまり・池

「水たまり」は、ふだんはないのに、雨などのあと、くぼんだ場所に水がたまったところ。水が長く残ることはありません。これに対し、地面のくぼみにいつも水がたまっているところが、「池」。水たまりと池は、わたしたちの一番身近な水面です。

大雨のあと、公園に大きな水たまりができた！

Q 池と沼のちがいは、ア、イ、ウのどれ？
ア 大きさのちがい
イ 深さのちがい
ウ 人工か天然かのちがい

もっと知りたい
「池」と「沼」と「湖」のちがい
「池」は、ふつう、貯水池やダムなどの人工的なものをさす。これに対して、「沼」と「湖」は天然にできたもの。「沼」は一般に水深が5m以内で透明度（→p52）が低く、水面下があまりみとおせない。水草が生えている。「湖」は、沼との区別が明確ではないが、池や沼よりも大きく（水深5m以上）、水草が生えていないものもある。

A ウ 人工か天然かのちがい

■水面下がわからないと危険
豪雨により道路が冠水すると、水面下に何があるわからない。とても危険だ。

もっと知りたい
マンホール転落事故
冠水した道路でふたの開いていたマンホールに転落して、けがをしたり、亡くなったりする事故が、これまでに全国で多く発生してきた。1985年7月14日には、東京を中心にはげしい雷雨。東京都内の20か所以上で下水道のマンホールのふたがはずれた。この日、都内だけで4件、マンホール転落事故があった。うち1件で死者が出た。これは、冠水した道路の水面下の危険性を示すものだ。

■危険な橋の下の水面下
下の写真は四国を流れる四万十川にかかる沈下橋。この橋は、水面近くにかけられ、増水時には水中にしずむ。欄干がないのは、流木などが引っかかるのをふせぐため。



10 11

**見出し**
この見開きで紹介している項目について、わかりやすく説明。

**問題**
水面下の世界のふしぎをクイズにしてある。

**答え**
そのページでとりあげたクイズの答え。

**もっと知りたい**
そのページでとりあげている内容に関連して、さらに専門的なことや、あわせて知っておきたいことを紹介。

**ものしり雑学**
水面下の世界について、知っておくとより役立つ情報を紹介。

ものしり雑学

海はなぜ青い

海が青い理由は、太陽光の性質と関係があると考えられています。空にかがやく太陽は白っぽく光ってみえますが、じつは太陽の光には、7つの色（赤、だいだい、黄、緑、青、あい、むらさき）がふくまれているのです。

海のなかは、青い光の世界だ。

水中で光が吸収される

水中の状態で青さがかわる？

光がとどく深さの色によるちがい

もっと知りたい
空が青いのは別の理由

# PART1

# 身近な水面下

# ①水たまり・池

「水たまり」は、ふだんはないのに、雨などのあと、くぼんだ場所に水がたまったところ。水が長く残ることはありません。これに対し、地面のくぼみにいつも水がたまっているところが、「池」。水たまりと池は、わたしたちの一番身近な水面です。

**Q** 池と沼のちがいは、ア、イ、ウのどれ？

ア 大きさのちがい

イ 深さのちがい

ウ 人工か天然かのちがい

もっと知りたい

### 「池」と「沼」と「湖」のちがい

「池」は、ふつう、貯水池やダムなどの人工的なものをさす。これに対して、「沼」と「湖」は天然にできたもの。

「沼」は一般に水深が5m以内で透明度（→p52）が低く、水面下があまりみとおせない。水草が生えている。

「湖」は、沼との区別が明確ではないが、池や沼よりも大きく（水深5m以上）、水草が生えていないものもある。

A ウ 人工か天然かのちがい

大雨のあと、公園に大きな水たまりができた！

## 水面下がわからないと危険

豪雨により道路が冠水すると、水面下に何があるわからない。とても危険だ。

もっと知りたい

### マンホール転落事故

冠水した道路でふたの開いていたマンホールに転落して、けがをしたり、亡くなったりする事故が、これまでに全国で多く発生してきた。1985年7月14日には、東京を中心にはげしい雷雨。東京都内の20か所以上で下水道のマンホールのふたがはずれた。この日、都内だけで4件、マンホール転落事故があった。うち1件で死者が出た。これは、冠水した道路の水面下の危険性を示すものだ。

## 危険な橋の下の水面下

下の写真は四国を流れる四万十川にかかる沈下橋。この橋は、水面近くにかけられ、増水時には水中にしずむ。欄干がないのは、流木などが引っかかるのをふせぐため。

# ②身近な水面下の生き物

**池にはさまざまな生物がいるのはいうまでもありませんが、水たまりもしばらく水が引かないことがあります。すると水面下では、生き物が誕生してきます。**

## 水たまりがなくなる前に羽化

水たまりは、いずれは水がなくなる。蚊やトンボは、水たまりに卵をうむと短い期間で成長して、水たまりが消える前にそこから脱出。カエルの卵も水たまりでおたまじゃくしになり、手足を出して、水たまりから旅立つ。でも、水が残っている時間はわからないので、間にあわないで、日干しになってしまうこともある。

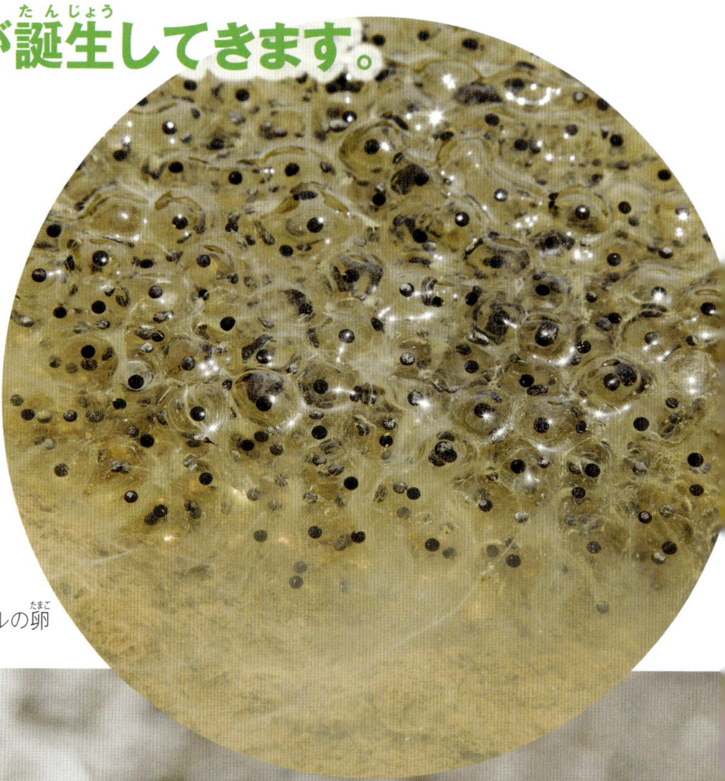

カエルの卵

こんな
水たまりに産卵！
水はいつまで
あるのかな？

産卵のため連結飛翔するアキアカネ。

## 沼の植物

沼は水草がしげっているせいで、透明度(→p52)が低くなっているのがふつうだ。

水面からはよくわからないが、沼には、エビモ、フサモのように根・茎・葉が水中にある沈水植物(→p33)がしげっている。また、アシ(ヨシ)、ガマなど、根は水底にあり、茎や葉が水面から出ている抽水植物(→p33)がしげっていることもある。

イネ科植物やアシ、シダ、ガマ、スゲなどの草は、水際の水面から上方向に大きくのびている。

なお、沼のなかで、水が海水のものを「塩沼」といい、これは、満潮(→p93)になると海水につかる。一方、干潮(→p92)のときに土がむき出しになる場所は、「塩沼湿地」とよぶ。こういう場所では、独自の植物がみられる。

オオフサモ

アシ(ヨシ)

ガマ

スゲ

もっと知りたい

### 湿地とは

「湿地」とは、水と陸地が出会う場所にできた地形のこと。湿地には、川や湖、デルタ、氾濫原(→p93)、浸水した森林、水田などがふくまれる。また、サンゴ礁も湿地にふくまれる(ラムサール条約→p14)。湿地は、南極・北極から熱帯域、高山から乾燥地帯など、地球上のどの地域にも存在する。

北海道の雨竜沼湿原。

もっと知りたい

### 底なし沼

「底なし沼」といっても、底はある。その正体は、たいていは「流砂」だ。「流砂」とは、砂やどろなどの粒子が、地下水などによって水分が飽和したもの。ふつうの沼のようにみえているが、振動を加えると流動性が増し、沼に入ってもがくと、どんどんしずみこんでいく。

「流砂危険」の看板。

ものしり雑学

# ラムサール条約

「ラムサール条約」は、正式名称を「特に水鳥の生息地として国際的に重要な湿地に関する条約」といい、1971年、イランのカスピ海に面する町、ラムサールで開催された国際会議で採択されました。

## Q1 条約の特徴は？

**A1** ラムサール条約とは、湿地の保全と「ワイズユース（Wise use=賢明な利用）」を進めていくことを目的にむすばれた国際条約。その手段として、交流・能力養成・学習・参加・普及啓発を重視していることが、特徴とされる。
条約が採択された当初には、国境をこえて行き来する水鳥の生息地としての湿地に重点が置かれていたが、その後、水鳥の生息地だけでなく、さまざまな湿地の生態系（→p93）が果たす役割を重視するようになった。

琵琶湖と水鳥。

## Q2 どのように取り決めがなされるの？

**A2** 条約に基づいておこなう取り組みは、約3年に一度開催される「締約国会議」（COP）において事項や計画、予算などが決まる。この会議には、締約国のほか、非締約国、国際機関、NGO、自治体などもオブザーバーとして数多く参加する。2018年10月には、COP13がアラブ首長国連邦のドバイで開催される。

**締約国会議開催地**

| 会議 | 日付 | 開催地 |
|---|---|---|
| 第１回 | 1980年11月 | カリアリ（イタリア） |
| 第２回 | 1984年５月 | フローニンヘン（オランダ） |
| 第３回 | 1987年５月 | レジャイナ（カナダ） |
| 第４回 | 1990年６月 | モントルー（スイス） |
| 第５回 | 1993年６月 | 釧路（日本） |
| 第６回 | 1996年３月 | ブリスベン（オーストラリア） |
| 第７回 | 1999年５月 | サンホセ（コスタリカ） |
| 第８回 | 2002年11月 | バレンシア（スペイン） |
| 第９回 | 2005年11月 | カンパラ（ウガンダ） |
| 第10回 | 2008年10月～11月 | 昌原（韓国） |
| 第11回 | 2012年７月 | ブカレスト（ルーマニア） |
| 第12回 | 2015年６月 | プンタ・デル・エステ（ウルグアイ） |

## Q3 日本はいつ加入したの？

**A3** 日本は1980年にラムサール条約に加入し、釧路湿原が日本で最初のラムサール条約湿地として登録された。

釧路湿原とタンチョウヅル。

## Q4 ラムサール条約湿地は世界にいくつあるの？

**A4** 条約に基づく「国際的に重要な湿地に係る登録簿」に登録された湿地は、2016年2月22日現在、世界には2228。総面積は約2億1491万ヘクタールにのぼる。日本の条約湿地は50か所、14万8002ヘクタール。

### 日本のラムサール条約湿地

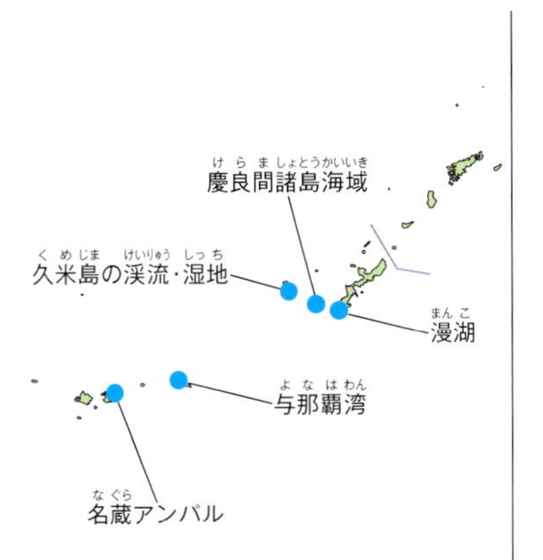


水面下を考えるうえで、ラムサール条約はとても重要なんだ！

# ③田んぼの水面下はどうなっているの？

**「田んぼ」とは、水を入れて農作物を栽培できるようにした耕地のことですが、いまの日本では、ふつうは「水田」を意味しています。**

## 田んぼの生き物

田んぼには、いろんな生き物がすんでいる。しかし残念なことに、最近ではあまりみかけなくなったものも多い。

## 田んぼの構造

田んぼ（水田）の水の底には作土層とよばれる土があり、その下は粘土層になっている。それは、水がしみこまないようにするため。田んぼは、古くなればなるほど、この粘土層が強固になって水をためる機能が高まっている。また、水田のまわりの畔（→p92）という小さな土手も粘土でできている。

ところが、イネが成長すると田んぼの水はなくなる。じつは、なくなるのではなく、田んぼから水をぬくのだ。田んぼには必要なときに水をぬくしくみ（排水路）がつくられている。下の図は、田んぼの大まかな構造。

出典：近畿農政局ホームページ

もっと知りたい

### 田んぼの水の深さのふしぎ

田んぼ（水田）の水の深さは、地方や農家によってもちがいが大きいが、苗を植えてすぐはふつう5cmくらいにしているところが多い（同じ田んぼでも気温によって、10〜15cmと大きく変化する）が、しばらくすると根がはりだして、昼には3cmくらいに減るのがふつう。でも、夜になると、いったん水を排出し、新しい水を入れて、また5cmくらいに管理されている（イネが大きくなってくると、2日間水を入れたら2日間水をぬく）。これは、根に空気がよくとどくようにするため。太陽の熱で水とイネをあたためて、夜に冷まし、昼と夜の温度差を大きくすることで、「茎」がよく増える*ようにする工夫だ（やり方は農家によって千差万別）。

* イネは中心の茎の根元から新しい茎を出して成長していく。これを「分げつ」という。

# ④かいぼりって、何？

**池や堀の水をぬいて、底にたまったどろをかきだすことを「かいぼり」といいます。昔から定期的におこなわれてきました。**

## 池のかいぼり

近年、日本中の池や堀などで、外来生物が増えてしまい、日本固有の生物が絶滅の危機にひんしている。最近では、外来生物の駆除がかいぼりの目的のひとつになっている。

写真：東京都西部公園緑地事務所

**Q** 次の生物のうち外来種はどれ？

ア　イ　ウ　エ

東京都武蔵野市・三鷹市の井の頭恩賜公園のかいぼりはマスコミにも大きくとりあげられた

写真：東京都西部公園緑地事務所

**A** すべて。ア オオクチバス、イ アメリカザリガニ、ウ アカミミガメ、エ ブルーギル。

## 堀の構造

「堀」は、敵や動物の侵入をふせぐ目的で、城や寺ばかりでなく、古墳や集落、住居などの周囲に掘られたみぞのこと。水を張っているもの（水堀）もあれば、ただのみぞもある（空堀）。城を川の近くに建てて、その川を堀の役割にしたものも多くある（天然の堀）。

下の写真は、神奈川県小田原市にある小田原城のかいぼりのようす。水がにごっていて、水面下がどうなっているのか、まったくわからなくなっていた。

なお、これまでの調査で、小田原城の堀の底には「障子堀」とよばれる畝（→p92）状の仕切りが設けられていたことがわかっていた。さらに、2016年の三の丸元蔵堀の遺跡発掘調査で障子堀から階段が出土した。本来敵の侵入をふせぐためにつくられたはずのものが、階段によってむしろ敵の脱出をしやすくするとも考えられ、専門家の首をひねらせている。

出典：東京新聞2018年3月24日付

かいぼりは、冷たい雨のなか、小田原城の東堀でおこなわれた。

もっと知りたい

### 障子堀

「障子堀」とは、堀の底につくられた障害物のことで、堀がいくつもに仕切られていた。障子はもともと「へだてるもの」という意味なので、そこから障子堀となったといわれている。

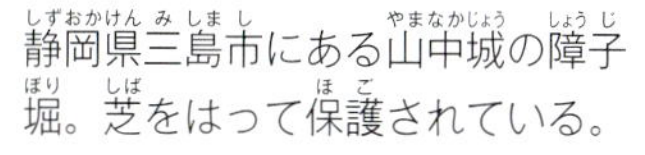
静岡県三島市にある山中城の障子堀。芝をはって保護されている。

# ⑤日本の湖の水面下

ここまでは、身近な水面下ということで、
水たまり、池、沼、堀とみてきました。
次は、湖の水面下についてをみてみましょう。

北海道東部の釧路市にある阿寒湖。マリモの生息地、ヒメマスの原産地として知られる。

## 湖の色

海は青くみえる（→p56）けれど、湖は緑色にみえるといわれることがある。湖の色が緑色にみえるのは、ひとつには、まわりの山林の影響だ。また、湖の水にふくまれているプランクトンや藻などの色にも影響される。さらに、どろを多くふくむ湖の場合は、どろの黄みがかった色が加わって、いっそう緑色が強まるのだ。しかも、どろの粒子が増えると、太陽の光が水底までとどかなくなり、どろの色がそのまま水の色としてみえるとも考えられている。

**阿寒湖のマリモ**

マリモは丸くなる（球状集合体をつくる）緑色の藻の一種で、とくに阿寒湖のマリモは国の天然記念物に指定されている。光合成（→p48・92）が可能な水深2～3mほどの浅い湖底に生息。たくさんの糸状の藻が集まってかたまりをつくり、風や波の力によって湖底で回転しながら丸くなる。

写真：後藤昌美/アフロ

## 日本一深い湖

日本で一番深い湖は、秋田県東部、岩手県境に近い奥羽山脈中に位置する田沢湖。直径6km、周囲21km、面積25.8km²で、形はほぼ円形をしている。最大水深は、423.4m。2番目は、北海道の支笏湖。最大水深は360.1m。アイヌ語で大きなくぼみ（または谷）を意味する「シ・コッ」に由来する。

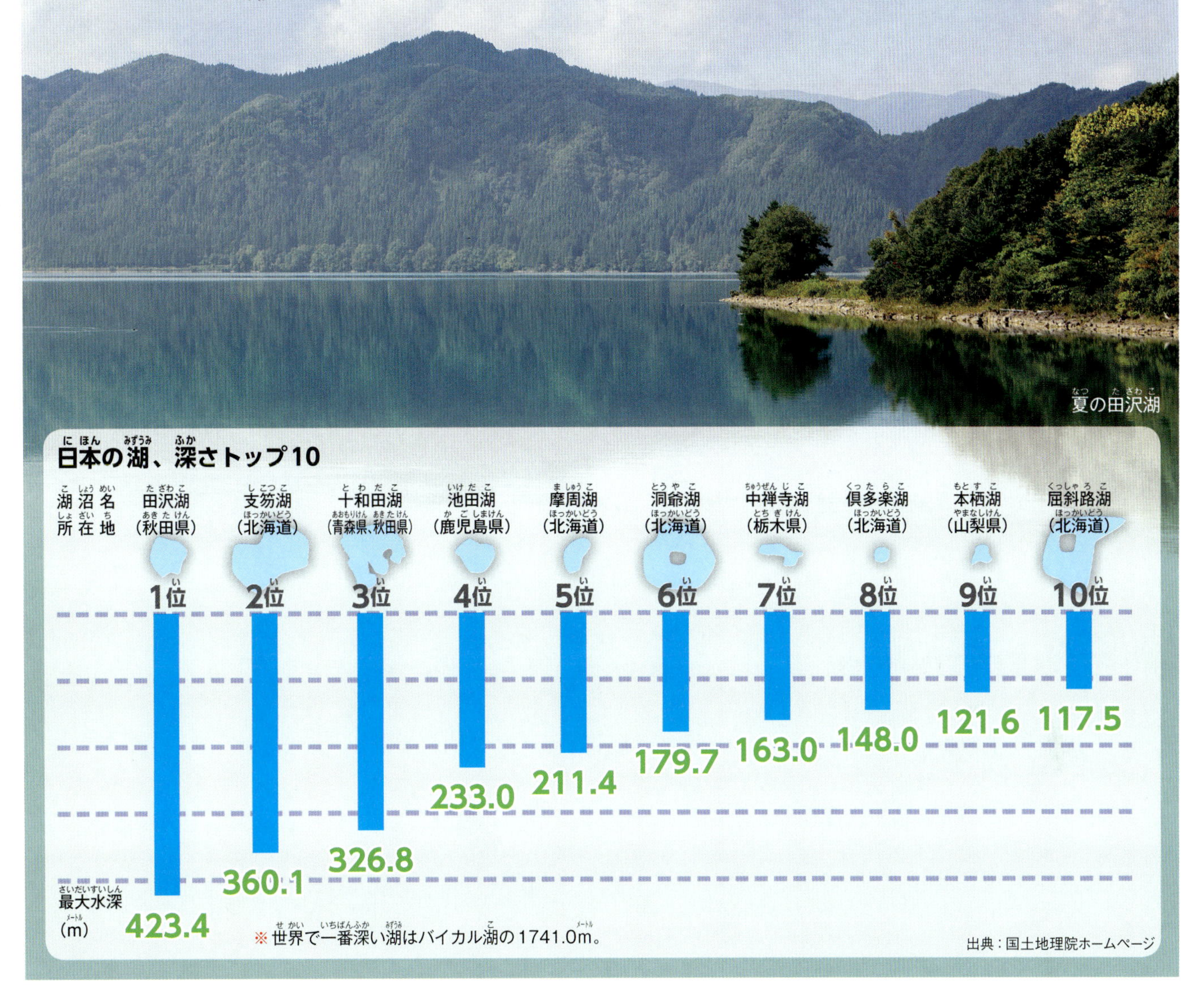

夏の田沢湖

**日本の湖、深さトップ10**

| 順位 | 湖沼名 | 所在地 | 最大水深（m） |
|---|---|---|---|
| 1位 | 田沢湖 | 秋田県 | 423.4 |
| 2位 | 支笏湖 | 北海道 | 360.1 |
| 3位 | 十和田湖 | 青森県、秋田県 | 326.8 |
| 4位 | 池田湖 | 鹿児島県 | 233.0 |
| 5位 | 摩周湖 | 北海道 | 211.4 |
| 6位 | 洞爺湖 | 北海道 | 179.7 |
| 7位 | 中禅寺湖 | 栃木県 | 163.0 |
| 8位 | 倶多楽湖 | 北海道 | 148.0 |
| 9位 | 本栖湖 | 山梨県 | 121.6 |
| 10位 | 屈斜路湖 | 北海道 | 117.5 |

※世界で一番深い湖はバイカル湖の1741.0m。

出典：国土地理院ホームページ

もっと知りたい

### 氷結湖・凍結湖

氷が張ることを「氷結」といい、氷が張る湖を「氷結湖」とよぶ。さらに一面が氷結した湖のことを「凍結湖」という。下の写真のように、氷に穴を開け、そこから釣り糸をたらしてワカサギ釣りができる凍結湖がある。長野県の諏訪湖などが有名。氷の下のワカサギはどうなっているのだろう？

氷結した諏訪湖。

1cm
50cm
2m
10m
100m
200m
1km
10km

# ⑥世界でも有数の急流な川

今度は、日本の川について、いくつかの視点からみてみます。

富山県北東部を流れ富山湾に注ぐ常願寺川。

## 日本の川の特徴

日本の川の特徴は、なんといっても長さが短く、流れがはやいことだ。

日本一長い川は、信濃川（長野県では千曲川、新潟県では信濃川とよばれる）。長野県川上村の標高2250m地点から水がわき、367kmの流れを経て日本海に注ぐ。また、富山県を流れる常願寺川は、源流から河口まで標高差が約3000mもあるのに対し、川の長さはわずか56kmという世界でも有数の急流な川だ。

次に、日本の川の特徴としてあげられるのが降った雨が一気に流れでること。関東地方を流れる利根川は、大雨によりふだんの川の水量が100倍に増えることがある。洪水時の水量は、イギリスのテムズ川で8倍、ドイツなどを流れるドナウ川で4倍といわれている。

**外国とくらべて急勾配（→p92）の日本の河川**

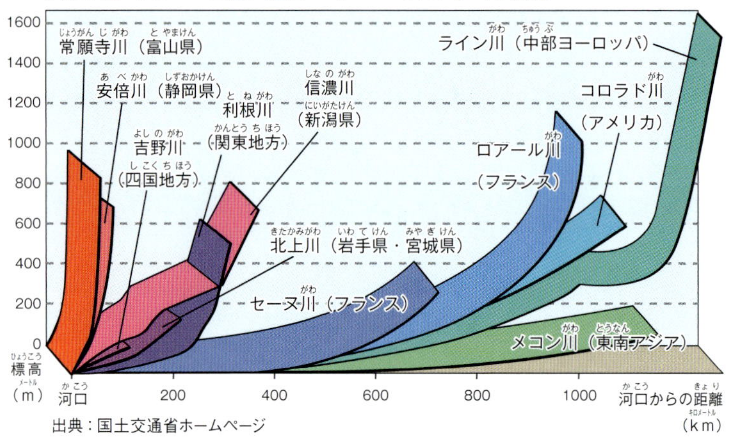


出典：国土交通省ホームページ

さらに川が、魚や野鳥などさまざまな生き物の生息する場所にもなっていることと、水源として人びとのくらしを支えていることなども日本の川の特徴としてあげられる。

総じて、日本の川は、長い距離をゆっくり流れる外国の川にくらべて、水がきれいだ。外国の川は、かなり上流でも水がにごっている場合があるが、日本の川の上流の水は、透明度が高く、水面下がよくみえる。

## 滝壺のひみつ

明治時代に常願寺川をみたオランダ人技師が「これは川ではない。滝だ」といったと伝えられているが、実際、「滝」は「もっともはげしい流れの渓流」のこと。国土地理院は「流水が急激に落下する場所で、落差が5m以上、常時水が流れているもの」と定義している。

「滝壺」は、水や石などによってけずられ、深く円形の穴となったところをさす。その深さは、落下する水の量と落差によって決まる。

川には、じつにさまざまな生物がくらしているが、滝そのもので生活できる生物は、岩や石への吸着力にすぐれた吸盤をもつアミカの幼虫などにかぎられている。

ところが、水が深く、落水によってできる泡で身をかくしやすいなどの理由から、滝壺には魚が豊富だ。とくに、川を上る習性のある魚がこえられないような滝（魚止めの滝）は、魚の宝庫になっている。

岐阜県中津川市の龍神の滝。

もっと知りたい

### 川底の石

きれいな川でも、川面からでは水面下のようすがわからないもの。とくに川底の石のようすはよくわからない。同じ川でも、上流・中流・下流によってまったくちがう。急流の日本の川では、数百キロメートルしかはなれていないのに、上流はゴツゴツした岩、下流はみがかれた玉砂利ということもある。

**上流**：雨や雪どけ水により水量が増え、川底や岩盤がけずられてできた土砂や山からくずれた岩石が堆積（→p93）。

**中流**：上流から運ばれてきた大きめの石が流れの底にしずみ、置いていかれる。

**下流**：川幅が広くなり、流れがゆったりとしていて石を運ぶことができなくなる。みがかれた小石で河原がいっぱい。

# ⑦日本のまわりのきれいな海

**海の水面下は、どうなっているのか興味はつきません。地球規模の海については、PART3でみていきますが、ここでは、まず日本のまわりの海についてみてみましょう。**

## 日本の海はきれい!

世界中の大陸や島のまわりの海のなかでも、日本の海はきれいだといわれている。沖縄の海がきれいなことはよく知られているが、そのほかでも、右の地図に示す島のまわりの海がきれいなことが知られている。下の写真のような海なら、水面下はみとおせる。

画像提供:壱岐砂浜図鑑

## 海人・海女

きれいな海では、素もぐりでもぐって貝類や海藻をとる漁がある。「海人」とは、その漁を職業としてする人をいう。とくに女性を「海女」と書く。

海面に浮きながら、水面下をのぞきこんで、獲物をさがし、ねらいを定めてもぐっていき、素手で捕獲して浮きあがる。

## 船の上から箱めがねでさがす

海にもぐらず、船の上から箱めがねをつかって水面下をのぞきこみ、海藻などをカマ（ワカメを切る刃物）などの道具でとることもある。

「箱めがね」とは、箱などの底にガラス板や凸レンズをはめた、水中を透視するための道具のこと。

## ペットボトル箱めがねのつくり方

どんなにきれいな水でも、ゆらゆらしたりしていてよくみえません。そこで役立つのが、箱めがねです。ここでは、ペットボトルでかんたんにつくれる箱めがねのつくり方を紹介します。

❶角型2Lペットボトルをきれいに洗ってかわかす。

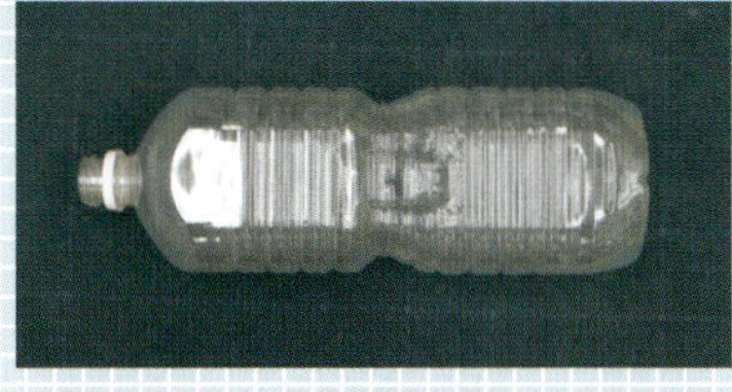

❷カッターナイフをつかって、上下を切りおとし、切り口にビニールテープをまく。

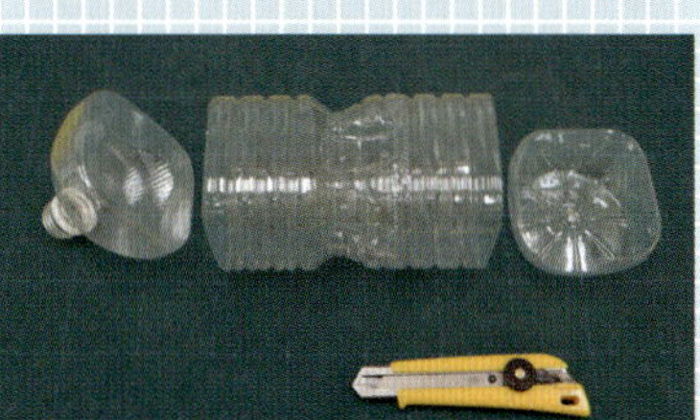

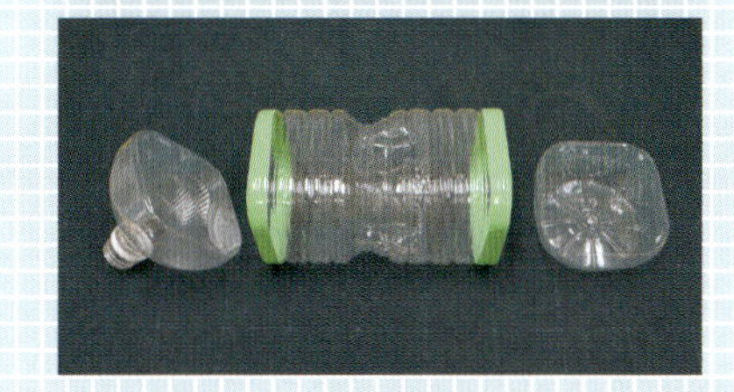

❸片方の口にしわがよらないようにラップでふさぎ、輪ゴムで固定する。

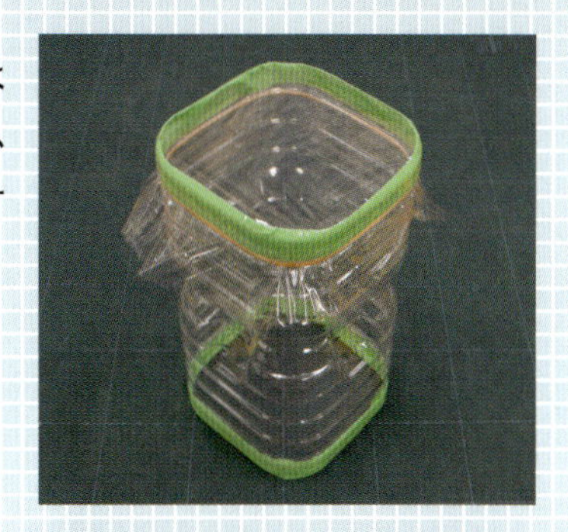

❹ゴムの上からビニールテープなどでラップを完全にはりつけて、防水性を高める。

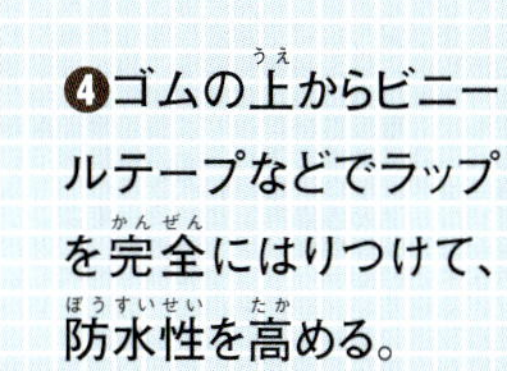

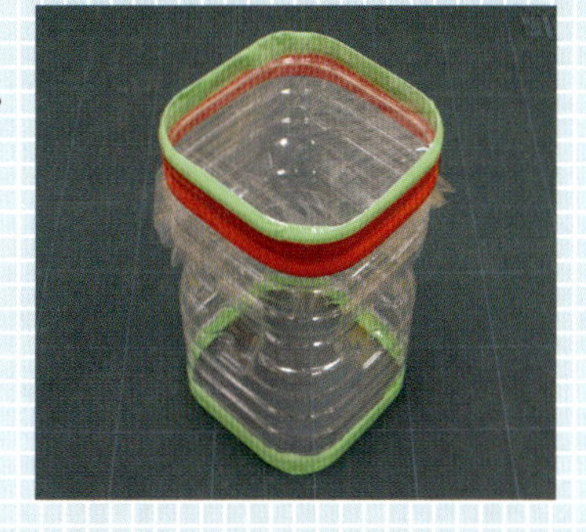

## よごれている日本の海

最近でも、海岸付近の海がよごれているところがある。
よごれた海では、前のページでみた漁などはとうていできない。

この写真は、どういうことでしょうか。

ア　あやまって濃いピンク色の薬品が流出した。
イ　海水中の植物性プランクトンが急速に増殖した。
ウ　濃いピンク色の藻が大発生した。

## 赤潮

「赤潮」は、生活排水や工場排水などが、海に流れていくことによって、海水の栄養分が多くなり、その結果、おもに植物性プランクトンが異常に増えることによって起きる現象。海水が赤くかわることから、「赤潮」とよんでいる。

赤潮が起こると、プランクトンが大量に酸素を消費するため、海水の酸素が欠乏して魚は呼吸できなくなったり、えらに障害を起こしたりする。また、大量の魚が死んでしまうこともある。赤潮は、陸に近く浅い海で、陸からきたない水が流れこんでくるところに多く起こる。瀬戸内海などのせまい海や、滋賀県の琵琶湖などの湖でも赤潮は発生する。

もっと知りたい

### 植物性プランクトン・藻

「プランクトン」は、水中に浮遊して生活する微小な生物の総称。ケイ藻類や藍藻類などは「植物性プランクトン」といい、原生動物、ミジンコなどのような甲殻類、クラゲ類などは「動物性プランクトン」という。
また、藻は水中に生える草の総称。もともと水生生活をする藻類だけでなく、陸上植物から水生にかわったアマモやキンギョモなどの顕花植物，サンショウモやミズニラなどのシダ植物、マリゴケなどのコケ植物も漠然とまとめてよぶ。

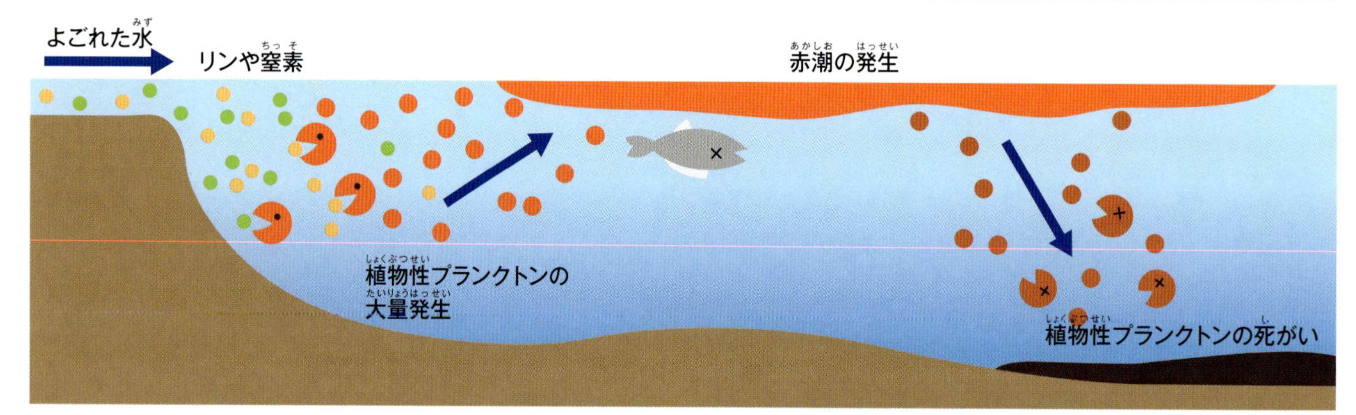


A　イ　海水中の植物性プランクトンが急速に増殖した。

写真：渡部まなぶ/アフロ

## 青潮

赤潮の発生により、異常に増殖した植物性プランクトンは、しばらくするとほとんどが死がいとなってしずんでいき、海底に堆積(→p93)して、バクテリアによって分解される。その際、多くの酸素が消費され、底層の海水は酸素が減少する。

じつは、この酸素の少ない底層の海水がわきあがってくると、海の色が青色や緑白色にみえることがある。これが「青潮」とよばれる現象だ。青潮のなかでは、魚や貝は酸素が足りないため生きることができない。

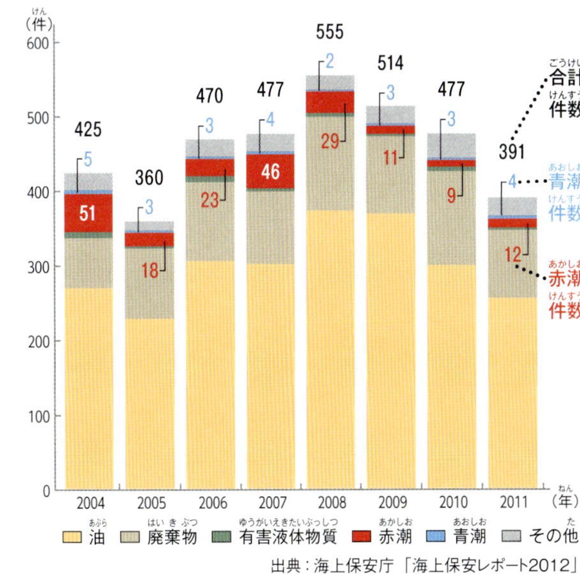


出典：海上保安庁「海上保安レポート2012」

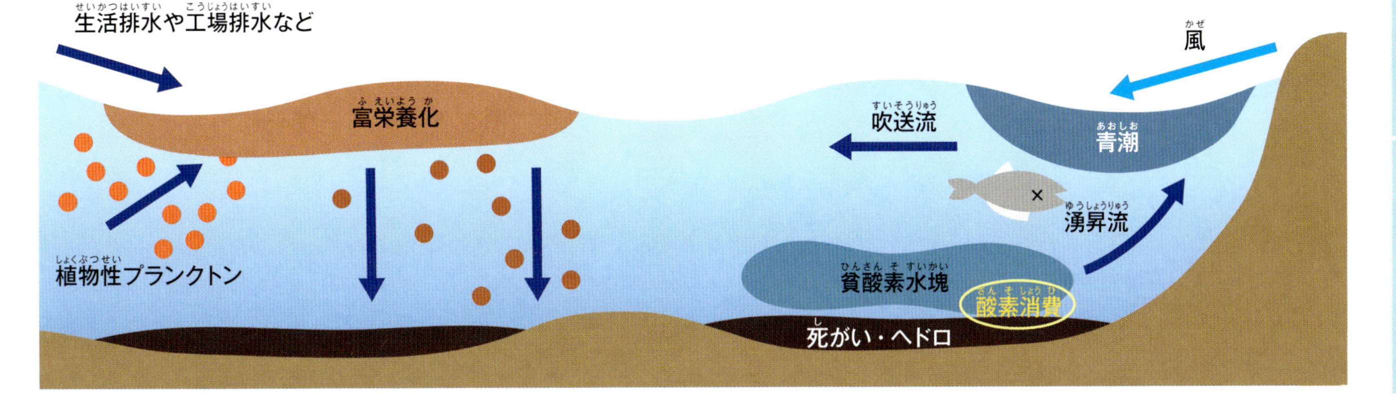

# ⑧プールの水面下

**この本のPART1では、水面下の秘密にせまることを目的にして水たまりからはじめて身近な海までみてきました。でも、子どもたちにとって身近な水面下は、じつは、プール！**

## プールにも藻が発生

藻は、水中にわずかでも胞子（→p93）がふくまれている場合、また、水中に胞子がなかったとしても、雨などで運ばれてくると、池や湖、海などばかりでなく、プールでも温度などの生育環境が整えば、一気に増殖してしまう。そのはやさはおどろくほどだ。

しかも、プールは、人間の体から出る窒素やカリウムが藻の栄養分となり、繁殖を助けると考えられている。

藻は、毒性をもつ種類でないかぎり、さほど人体に影響はないというが、においを発生させたり、場合によっては結膜炎の原因にもなるので、学校プールでは衛生管理上、藻をふせぐ対策が重要。

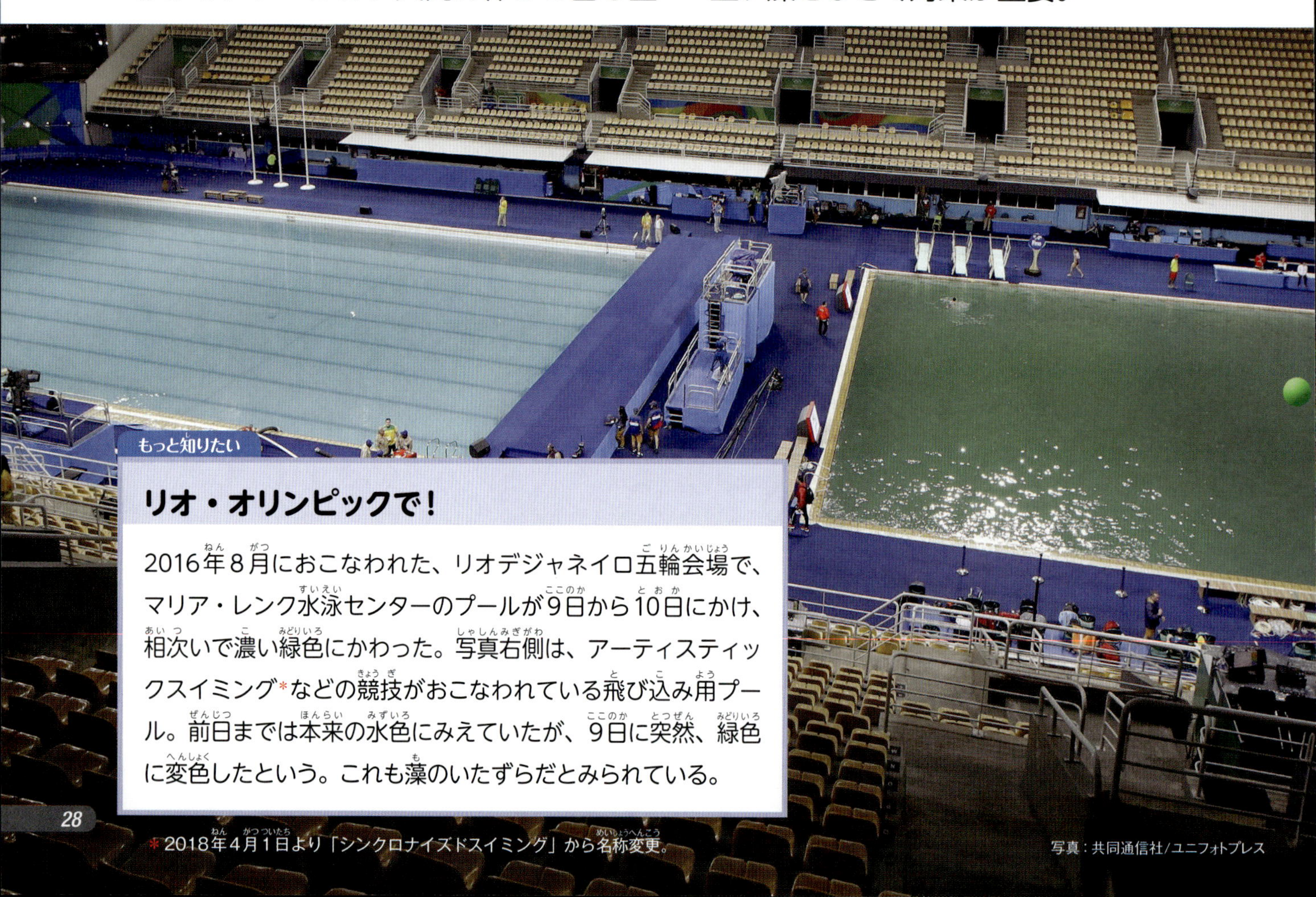

もっと知りたい

### リオ・オリンピックで！

2016年８月におこなわれた、リオデジャネイロ五輪会場で、マリア・レンク水泳センターのプールが９日から10日にかけ、相次いで濃い緑色にかわった。写真右側は、アーティスティックスイミング*などの競技がおこなわれている飛び込み用プール。前日までは本来の水色にみえていたが、９日に突然、緑色に変色したという。これも藻のいたずらだとみられている。



*2018年４月１日より「シンクロナイズドスイミング」から名称変更。

写真：共同通信社/ユニフォトプレス

## 水面下の演技

アーティスティックスイミングは、水面の上からみた選手の演技を採点するが、水面下は採点されない。このため、水中カメラで映しだした映像は、採点には関係ない。でも、選手が水面下でどのようにしているのかなどは、気になるところ。

写真：ロイター/アフロ

こんなプールでは、演技する気になれないかな？

「水中の格闘技」とよばれている水球の水面下は？

## プールの水面下での戦い

興味がつきないプールの水面下だが、水球の試合では、水面下はどうなっているのだろうか。じつは、水面下では、ものすごい乱闘がおこなわれているという。こういうものこそ、「水面下の秘密」というテーマのこの本で紹介したいもの！

写真：アフロ

もの知り雑学

# プールの深さ

28〜29ページのプールといえば、どのくらいの深さがあるのでしょう。
それぞれの競技でつかわれるプールの規格は、
国際水泳連盟によって決められていて、
そのなかに、深さについても次のような決まりがあります。

## 深さの規格

- 競泳…短水路（25m）は水深1.0m以上、長水路（50m）は水深1.35m以上。
- 水球…水深2.0m以上。
- 飛び込み…高飛び込み、飛び板飛び込みとも、水深5.0m以上。
- アーティスティックスイミング…フィギュア競技は水深3m以上と2.5m以上の２つ必要。ルーティン競技は水深2.5m以上（そのなかで決められた範囲は水深3.0m以上が必要）。

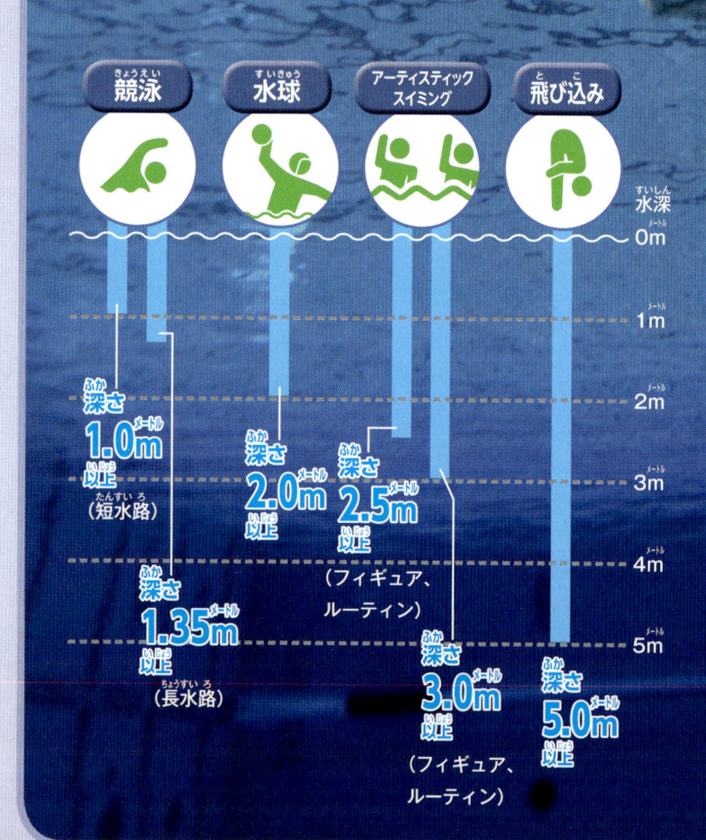


写真：青木紘二/アフロ

# PART2

# 水面下の植物・動物のふしぎ

# ①マングローブとは？

「マングローブ」とは、熱帯や亜熱帯地域の河口など、満潮（→p93）になると海水が満ちてくるところ（潮間帯）に生えている植物を、まとめていうよび名です。
かんたんにいうと、「海の森」！

マングローブの根の間を魚が泳ぐ！

## 海の命のゆりかご

マングローブの森は、水面下の魚やエビ・カニなどはもちろんのこと、は虫類や鳥類など、生き物たちの宝庫になっている。

マングローブと、そこに生息する動物などで構成される生態系（→p93）のことを、「マングローブ生態系」とよんでいる。「海の命のゆりかご」などともいわれる。

## 緑の防波堤

「防波堤」とは、打ちよせる波から陸地を守るためにつくった堤防のことだ。人工の防波堤が整備されていないところでも、マングローブの森は、それ自体に消波効果があるので、高波や津波から内陸を守る。このため、マングローブは、「緑の防波堤」とよばれることがある。

もっと知りたい

### マングローブは100種類以上

マングローブとよばれる植物は、ヤシやシダのなかまを合わせて100種類以上あるといわれる。
日本では、おもに沖縄県で、オヒルギ、メヒルギ、ヤエヤマヒルギ、ヒルギダマシ、ヒルギモドキ、ハマザクロ、サキシマスオウノキ、ニッパヤシなどがみられる。
日本のマングローブは高くても高さが10mくらいだが、海外では60mにもなるマングローブがある。

ものしり雑学

# 水生植物

水中に生育する植物をまとめて「水生植物」といいます。
その水が淡水か海水かによって「淡水植物」「海水植物」に二分されます。
また、下のように「沈水植物」「浮葉植物」「抽水植物」にも分類されます。

**沈水植物** 植物体の全部が水中にあるもの。

ヒルムシロ

セキショウモ

**浮葉植物** 葉だけが水面に浮かんで空気に接しているもの。

ヒシ

ヒツジグサ

**抽水植物** 根や根茎は水底のどろのなかにあり、茎葉を空気中に出しているもの。

ハス

イネ

# ②アシの広がる水面下

**アシは、熱帯から温帯地域にかけて、おもに河川の下流域や干潟（→p93）の陸側に広大なアシ原を形成しています。アシの根はたいてい水につかっています。**

## アシとは？

アシ（葦、芦、蘆、葭）は、イネ科ヨシ属に属する植物で、ヨシともよばれる。アシの成長ははやく、地下茎は１年に約５mのびることもある。暑い夏ほどよく生長する。

## 生き物たちのすみか

アシの茎は、さまざまな生き物のかくれ場やすみかになっている。水の上には、ヒゲガラ、サンカノゴイなどの鳥たちが多くやってくる。水面下は、多くの種類の巻き貝やカニなどが生息している。アシハラガニの名は、植物のアシからきている。

アシ

アシハラガニ

©Rafal Cichawa/123RF

**Q** 写真は、南アメリカのチチカカ湖。どういう場所かな？ ア、イのどっち？

ア　陸地から切りはなされたアシ原

イ　水面に浮いているアシでつくった島

## 人間のすまいにもなっているアシ

標高3800mをこえるアンデスの高所に位置するチチカカ湖は、面積約8400km²で、琵琶湖の約12倍という広さがある。

ここでは、「トトラ」とよばれるアシ（トトラアシ）を重ねあわせてつくった島がいくつも浮いている。ケチュア族やアイマラ族、ウル族、それらの混血の人びとなどが水上で生活しているのだ。彼らは、トトラアシで船もつくれば家やベッドもつくる。ときに、食料にすることもある。

## 浮島の水面下

トトラの浮島は、ロープに石などをくくりつけたイカリのようなもので、湖底に固定させた土台をつくり、その土台の上に乾燥させたトトラを、厚みが2mほどになるまで交差状に積みかさねてつくられる。

1～2か月おきにトトラをさらに積みかさねて修復するので、しだいに厚みが増していく。最大で5～6mに達することもある。

それでも、チチカカ湖の水深ははるかに深い。沿岸部でも10m以上はあるので、浮島の下はやみとなっている。

積みかさねたトトラの厚みが5～6mになることも！

A　イ　水面に浮いているアシでつくった島

# ③水中の神秘の森

前のページでみたマングローブやアシは、比較的背たけの低い植物ですが、水面下で育つ植物には、背が高くなるものもあります。ここでは、「水中の森」とよばれる大きな木のようすをみてみましょう。

写真：アフロ

## アメリカのカドー湖

アメリカのルイジアナ州とテキサス州の州境に位置するカドーレイク州立公園の「カドー湖」は、アメリカでもっとも美しい湖といわれている。

そこには、水面下からイトスギとよばれる針葉樹（→p93）がのび、葉をしげらせ、巨木は数十メートルの高さになるものもある。その深い森で、多くの種類の生き物がくらし、その数は400種類以上といわれている。

## 枯れた木の立つ池や湖

世界の湖には、すでに枯れてしまって幹だけが水面にポツンと出ている木がみられるところも多い。

きれいな景色と動物や鳥類が豊富なスリランカのウダ・ワラウェ国立公園にある、ウダワラ貯蔵池には、すでに枯れてしまったものの、まだ水面に立ちならぶ木がみられる。

インドのペリヤー湖は、1895年にダムがつくられたことによりできた貯水池。120年以上たった現在も、老木がひっそりとたたずんでいる。

長野県にある大正池には、「枯れ木群」が水面に立っている。1915年の焼岳の大噴火で梓川をせき止めて大正池ができたとき、池に水没したカラマツなどの林が立ち枯れ、枯れ木群となった。

もっと知りたい

### ふしぎな水面下の森

中央アジアの国・カザフスタンにふしぎな湖がある。カインディ湖とよばれるその湖の底には、マツ科の針葉樹が生え、なんと水中で葉をしげらせている！

じつは、そこはもともとは湖ではなかったが、1911年に大地震が起きたとき、山がくずれて地すべりが起こり、水がおしよせた。その結果、湖となった。そのとき、その場所に自生していた針葉樹林は水没。ところが、それらはいまだに水中にうもれたまま生きているのだ。

カインディ湖の深さは30m以上にもなる。

# 海藻って、何？

海藻を植物と思う人が多くいます。
以前は「水中にすむ植物」といわれてきましたが、最近の分類学では、
海藻（藻類）は植物とは区別されるようになりました。

## 海草って、何？

海の草と書く「海草」は、アマモやスガモなど、名前に「モ（藻）」とつく水面下に生える種子植物 (→p92) のこと。これは、陸上の植物と同じで、根、茎、葉に分かれ、花をさかせ、種子によって繁殖する。これに対し「海藻」は、根、茎、葉に分かれていない。繁殖は胞子 (→p93) による。

アマモ

スガモ

## 海の藻

「海藻」は「海の藻」と書くとおり、コンブ、ワカメ、ヒジキ、テングサなど、海の水面下に生えている藻 (→p26) をまとめていうよび名。ただし、藻の分類はかなり幅広く、目にみえる海藻もあれば、クロレラやスピルリナなどの微細な藻類もある。しかも、目でみえないほど小さなもののほうが、圧倒的に種類が多い。

コンブ

ヒジキ

## 最悪の環境でも生きている

目でみえないほど小さな藻の多くは、1個だけの細胞からなる単細胞生物で、種類は非常に多い。また、生命力が非常に強く、非常に低い温度の環境から温泉のなかなど高温のところまで、地球上のいたるところに生存している。

ワカメ

アメリカのイエローストーン国立公園の熱水泉。バクテリアや藻により、湧出口や湯だまりは青・緑・黄色など、さまざまな色をみせる。

もっと知りたい

### マリンスノー

マリンスノー（海雪）は、海中をゆっくり降っていく雪のようにみえる微小物体（藻もふくまれる）をまとめていうよび名。その正体は不明な点が多いが、ケイ藻など植物性プランクトンの死んだり死にかかったりした細胞がくっついたものとか、石油の原物質とみる説もある。どうしてできるのかは、まだわかっていない。わかっているのは、マリンスノーは水面下の浅いところのものほどつぶが大きいこと。

# ④サンゴとサンゴ礁

**ラムサール条約（→p14）では、サンゴ礁も湿地として考えています。では、水面下に広がる「サンゴ礁」とはどういうものなのでしょうか？ そもそも「サンゴ」とはなんでしょうか。**

## サンゴは動物？

動かないで石のようにみえるサンゴを「鉱物」のように考えている人や、生物であることは知っていても、「植物」だと思う人もいる。だが、サンゴはイソギンチャクやクラゲと同じ刺胞動物（→p92）の一種だ。一般に「サンゴ」といわれているものは、じつは生きているサンゴ自体ではなく、ハチの巣のような形をしたサンゴの家のことをさす。正しくは「サンゴ群体」とよび、その家にすむサンゴ自体は、右の図のような構造をもつ「サンゴ個体（ポリプ）」なのだ。

**サンゴ個体（ポリプ）断面図**

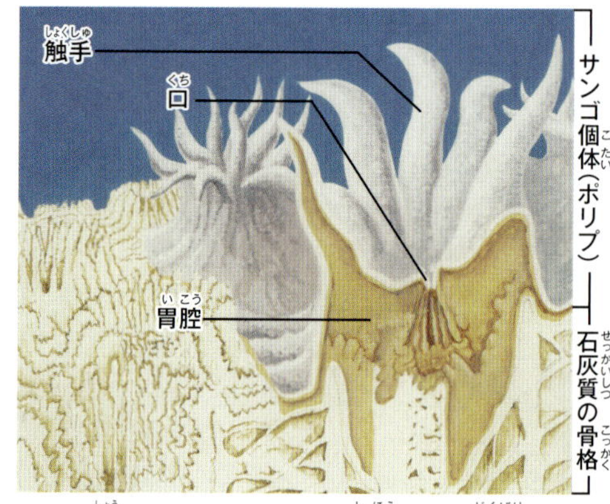


サンゴ礁をつくるサンゴは、刺胞という毒針をもつ触手でプランクトンを捕まえて口に運び、胃腔で消化する。また、体内には褐虫藻という植物性プランクトンがすんでいて、褐虫藻が光合成（→p48・92）でつくる栄養をもらっている。そして、海水中のカルシウムを取りこみ、石灰質の骨格をつくりながら成長していく。　出典：日本サンゴ礁学会ホームページ

サンゴ群体には、木の枝みたいなもの、ボールみたいに丸いもの、じゅうたんみたいに平べったいもの、テーブルみたいなものなど、形状はいろいろある。

## サンゴ礁とは?

「サンゴ礁」は、サンゴがつくった石灰質の骨格が、長い時間をかけて積みかさなり、海面近くまで高くなった「地形」のことをいう。

これをラムサール条約により、湿地として保護するように決まった。現在、世界のサンゴ礁は、100か国以上の領域にわたり、面積にして60万km²をこえるといわれている。

### 世界のサンゴ礁分布

日本
18℃
環礁　裾礁
堡礁　その他
60°N　30°N　0°N　30°S　60°S
0°E　30°E　60°E　90°E　120°E　150°E　180°E　150°W　120°W　90°W　60°W

サンゴ礁の分布は、もっとも寒い月の平均気温が18℃以上の海域とほぼ一致している。

出典：国立環境研究所

サンゴ礁は、水面の上に顔を出しそうで出さない！

もっと知りたい

### サンゴ礁の3つのタイプ

サンゴ礁は、その形状によって「裾礁」「堡礁」「環礁」の３つに大きく分けられる。それぞれの特徴は次のとおり。

陸地とサンゴ礁が接した地形。サンゴの生育に適した海域に、海底噴火や隆起によって陸ができると、周囲の浅瀬にサンゴが付着。サンゴは外側へと成長を続け、島をふちどるようにして広がっていく。

陸地とサンゴ礁の間に水深数十メートルの浅い海（ラグーン）をもつ地形。裾礁の状態から地殻変動や海水面上昇で島がじょじょにしずみ、外洋のほうでサンゴ礁が発達するとこのような地形になる。

完全に島がしずみ、リング状に島の輪郭の形をしたサンゴ礁だけが海面に残った地形。リーフ（礁原）の上に砂が集まり、小さな島をつくることもある。モルディブやマーシャル諸島などが知られている。

出典：日本サンゴ礁学会ホームページ

# ⑤生き物たちの足動

**PART2④までは水面下の植物やサンゴのようすをみてきましたが、こんどは、動物たちの水面下のふしぎをさぐってみましょう。まずは、水に浮かぶ鳥の水面下がどうなっているのかみてみます。**

**カモ**

水中で足を交互に前後に動かして泳ぐ。カモやアヒルのように水かきがついた足を蹼足とよぶ。

**アヒルの子**

多くの水鳥の足には水かきがついていて、泳ぐときに水をかきやすくなっている。

もっと知りたい

## ペンギンの泳ぎ方を研究して開発された足こぎシステム

いままでのパドルカヤックではパドリングの際に魚や野生動物をおどろかせることもあった。そのため、HOBIE社はペンギンの泳ぎ方を慎重に研究して、ミラージュドライブという足こぎシステムを開発した。最大の特徴は、はやくて静かなこと。水中での抵抗が少ないためだ。後進などもできる。

ペンギンの
翼のような
フィンが
動く！
Hobie
MARINE BOX 100

**ものしり雑学**

# 人の泳ぎ方

平泳ぎは、カエルの泳ぎ方に似ていることから
カエル泳ぎとよぶことがあります。イヌの泳ぎ方はイヌかき。
人はどんなふうに泳ぐでしょうか。ここでは、
日本泳法について、とくに水面下がどうなっているのか、みてみましょう。

## 日本泳法とは

日本泳法は、武芸のひとつとして日本に古くから伝えられてきた泳法で、「古式泳法」ともよばれる。海や川、池や堀などさまざまな自然環境にあわせて泳ぐことが重視される。現在よく知られているクロール・背泳ぎ・平泳ぎ・バタフライは、明治時代以降に外国から取りいれた近代泳法。

### あおり足（立ち泳ぎ）

両足を❶のようにそろえ、じょじょに❷～❹のように曲げる。曲げきれなくなると❺のように足を開いて大きく弧をえがきながら水をあおり、❶にもどる。

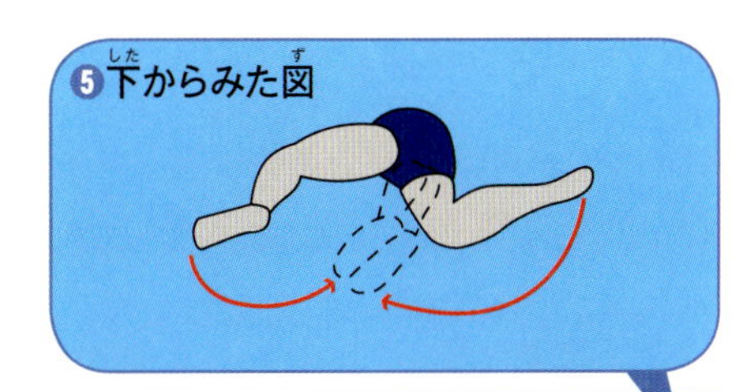

### 真（横泳ぎ）

❶両手のてのひらを胸の位置にあわせる。両足は上のあおり足の❶～❹のようにそろえて曲げ、❺の位置まで広げる。
上になる足を前に、下になる足を後ろに、歩くような型になる。

❷下の手を進む方向にのばし、上の手を内股につけ、両足は大きくあおり、つま先をそろえ、背筋をのばす。

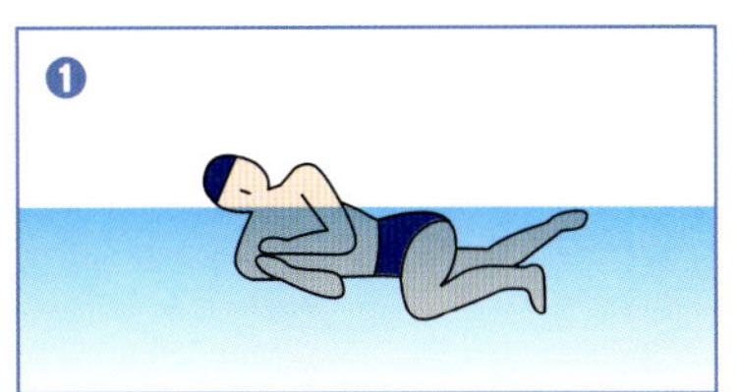


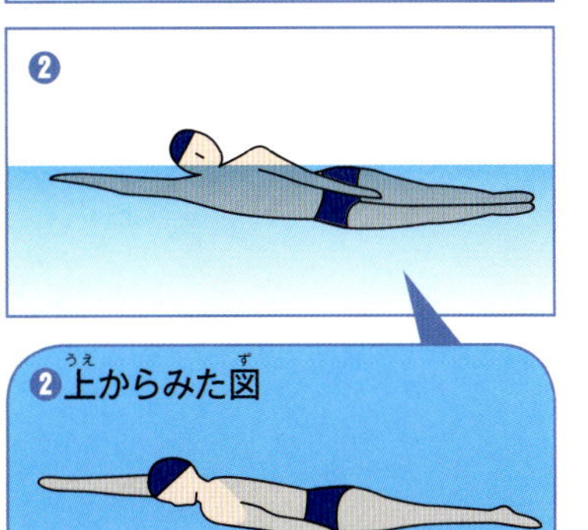


### 草（平泳ぎ）

❶足はあおり足をつかう。両手のてのひらを下に向ける。

❷両手を胸の前より肩幅で前にのばす。同時に足は強くあおり、のばす。
次に❶の型にもどるが、手は卵をなでるように、水を下におさえながら、胸の下へもっていく。

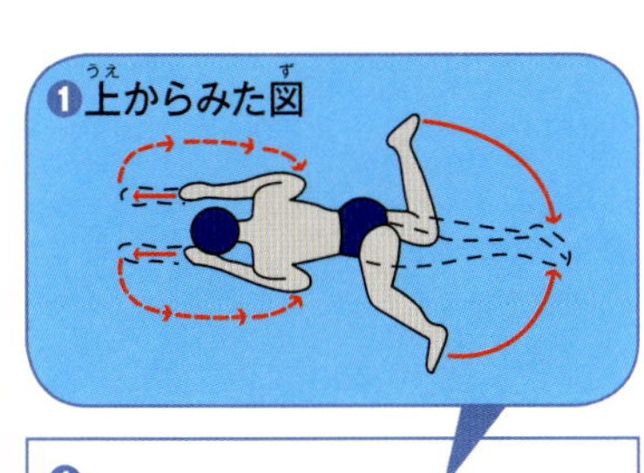

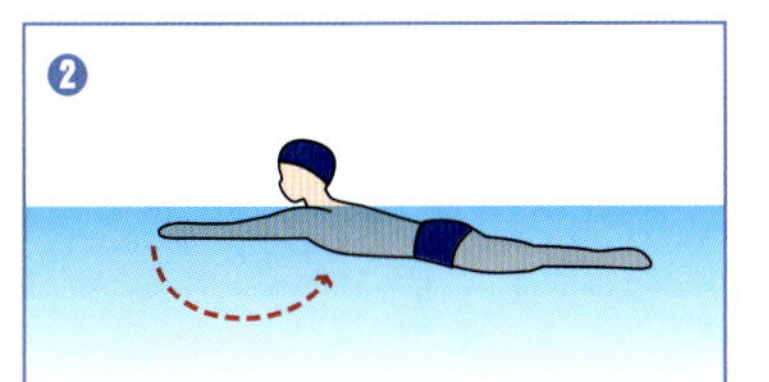


「安房泳法会 古式泳法図解」を元にイラスト制作

# ⑥水面下にもぐる工夫

**水にもぐる生き物というと、何を思いうかべるでしょうか。シロクマやアザラシ、鳥類ではなんといってもペンギン！でも、たいていの水鳥ももぐってエサをとります。そのほか、カエルや昆虫なども……。**

**ホッキョクグマ**

泳ぎが得意。息つぎなしでおよそ2分間、水中にもぐることができる。頭と耳が小さく、首が長いため、水の抵抗が少ない。

**シロカツオドリ**

北大西洋の海をみおろす岩場などに集団で巣をつくる海鳥。

### フンボルトペンギン

飛べない鳥・ペンギン。そのかわり、ヒレ状の翼をつかって矢のようなスピードで水中を移動する。

### ヨーロッパトノサマガエル

後ろ足の水かきを広げ、泳ぐヨーロッパトノサマガエル。

### タイコウチ

お尻には細長い呼吸管があり、これを水面に出して呼吸する。水にもぐった人間が、シュノーケルを水面から出して呼吸するのと似ている。

もっと知りたい

## ミズスマシ

中足と後ろ足が平らになっていて、これらをスクリューのように動かすことによって、はやいスピードで泳ぐことができる。

上下に分かれた
左右の複眼で
水面上と水面下を
同時にみる

上の目で水面上をみる
下の目で水面下をみる

もっと知りたい

## 忍者のもぐる工夫…「忍者版シュノーケル」は実在しなかった!?

物語や映画では、長い竹筒をシュノーケルがわりにして水中にひそむ忍者のすがたがえがかれることがある。しかし、長い竹筒はもち歩きに不便な上、かんじんの呼吸ができないことがわかっている。シュノーケルで呼吸ができるのは、シュノーケルの管を通してじゅうぶんに空気を吸えるからだ。ところが管の部分が長くなると、外の空気が口にとどくまでに時間がかかり、すぐ息苦しくなってしまう。水の外からすがたをみられないようにするには、かなり長い竹で深くもぐらなくてはならないから、「忍者版シュノーケル」は実在しなかったのでは、と考えられている。

# ⑦人間の水中活動

## 近年、人間は水面下でさまざまな活動をしています。水中のスポーツ、音楽など、写真でみてみましょう。でも、長く水中にいるためには、息つぎが必要です。

水中で歌い、楽器を演奏する!?

写真：Shutterstock/アフロ

### 長く水中にいるために

人間は、水中でも息をしなければならない。水中バンドのメンバーは、決められたタイミングで演奏中に息つぎをしに水面に上がる。水中ラグビーの場合は、プレーをしながら息つぎをする。

### 水中バンド「AquaSonic」

デンマークのバンド「AquaSonic」はメンバー全員が“水中で”音楽を奏でる世界初の水中バンド。バイオリンやドラム、その他の楽器、さらに演奏者やボーカルまで、すべて水のなか。彼らのステージでは、1600Lの水で満たされた5つの巨大水槽がならべられ、メンバーたちはそこに入ってパフォーマンスをくりひろげる。

### 水中ラグビー

1961年にドイツで、ダイビングクラブのトレーニングの一環として誕生したスポーツ。水球に似ているが、バスケット状のゴールがプールの底に設置されていて、シュノーケルを装着しながら水中で競技をおこなう。ラグビーボールは円形で、水に浮きにくくするために内部に食塩水が入っている。観戦者は、大型映像装置に映しだされた水中映像をみられるようになっている。

写真：picture alliance/アフロ

水中で呼吸するために人間は!?
(→右ページ)

もの し り 雑学

# 人の潜水と潜水具の歴史

人間も大昔から水にもぐっていました。
でも、人間が素もぐりでもぐれる時間と深さには、かぎりがあります。

## 人間はいつから水面下に挑戦？

水中の魚介や海藻をとるために、素もぐりは原始時代からおこなわれていた。潜水するための装備をつけずにもぐる日本の海女は、その代表的なものだ。しかし、長い時間潜水するためには、空気を補給する必要があり、そのため、特別な施設からホースで呼吸ガスを供給する他給気潜水がおこなわれるようになった。また、呼吸ガスを潜水者自身が携行する自給気潜水（スキューバ）では、潜水者は自由な活動ができる。しかし、このような潜水具だけでは、潜水時間や水深に限度があるため、潜水艇、深海調査船などの開発が進んでいる。

1690年にイギリスのエドモンド・ハレーがつくった、鐘型の潜水装置「ダイビング・ベル」。小型の樽を上げ下げして空気を補給して、水深20mのところで、1時間あまりの潜水作業が可能だった。

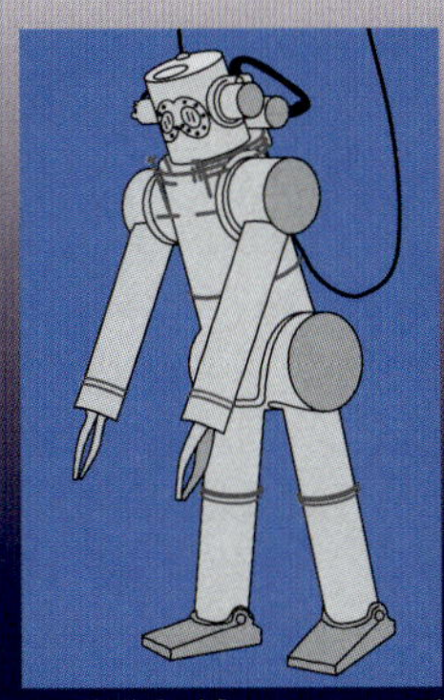

20世紀初頭にフランス人技師のシャルル・ペクール・ド・プルピが発明した潜水服。着用したダイバーは、水深90mまでもぐったという。

現在、一般的なスキューバダイビングでは、保護スーツやマスク、フィンを身につけて、背中に酸素ボンベを背おって潜水する。

## 人間はどこまでもぐれるのか

空気タンクなどをつかわず、息を止めて潜水し、深さを競うフリーダイビングの世界記録は、男性で128m（海洋でのコンスタント・ウェイト・ウィズ・フィン種目*）。女性では101m。

*フィン（足ひれ）をつかう、フリーダイビングの代表的種目。

もっと知りたい

### 映画『グラン・ブルー』

1988年のフランス・イタリア合作映画。監督はリュック・ベッソン。イルカに魅せられた主人公が、フリーダイビングで潜水記録に挑戦する物語。実在の天才ダイバー、ジャック・マイヨールがモデル。

写真：AGE FOTOSTOCK/アフロ

# ⑧光がとどかない海

**太陽の光は、水面下でどのくらいの距離までとどくのでしょうか。光がとどかない深い海のようすはどうなっているのでしょうか。**

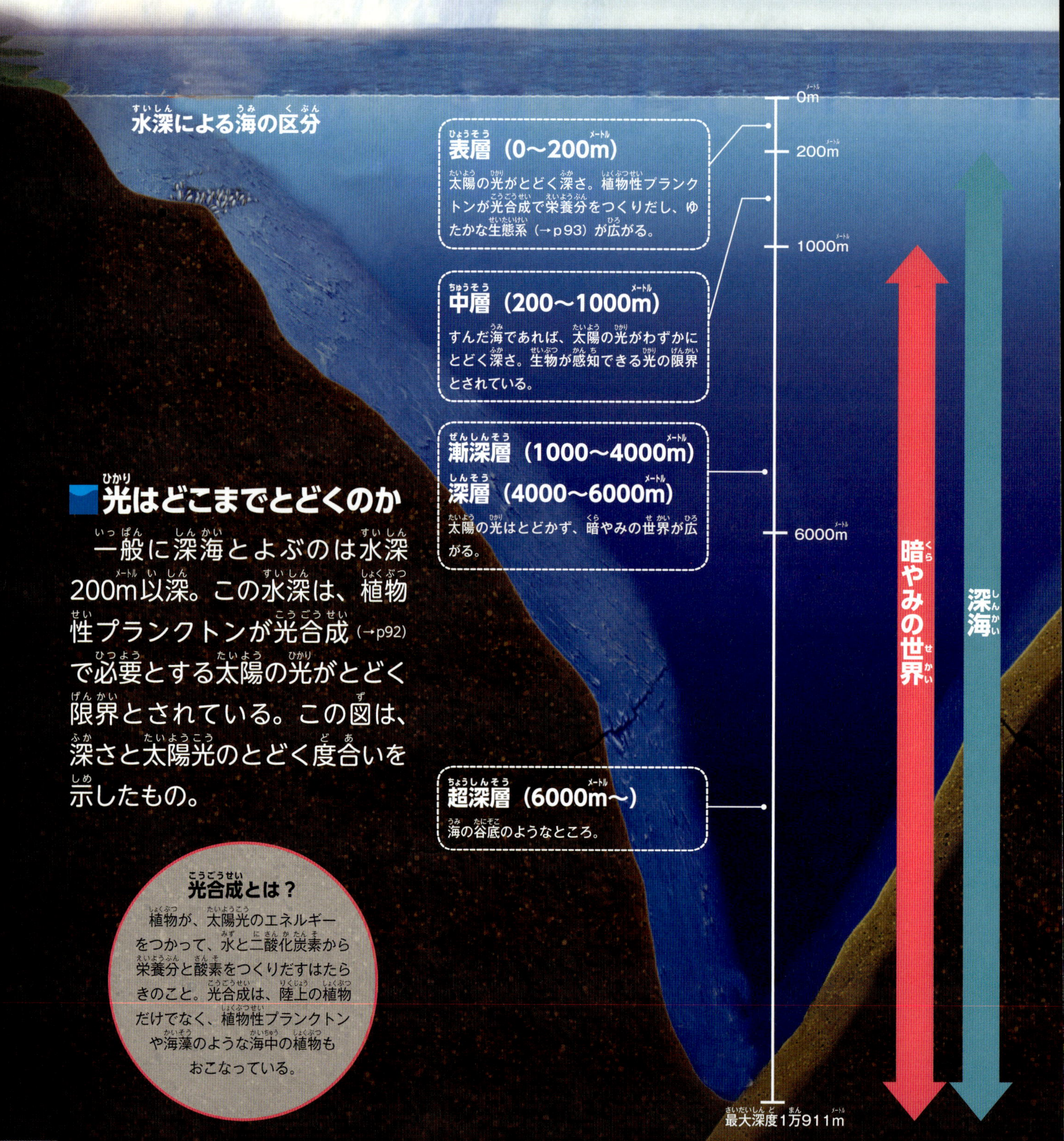

水深による海の区分
0m
200m
1000m
6000m
表層（0～200m）
太陽の光がとどく深さ。植物性プランクトンが光合成で栄養分をつくりだし、ゆたかな生態系（→p93）が広がる。
中層（200～1000m）
すんだ海であれば、太陽の光がわずかにとどく深さ。生物が感知できる光の限界とされている。
漸深層（1000～4000m）
深層（4000～6000m）
太陽の光はとどかず、暗やみの世界が広がる。
超深層（6000m～）
海の谷底のようなところ。
暗やみの世界
深海
最大深度1万911m

## 光はどこまでとどくのか

一般に深海とよぶのは水深200m以深。この水深は、植物性プランクトンが光合成（→p92）で必要とする太陽の光がとどく限界とされている。この図は、深さと太陽光のとどく度合いを示したもの。

**光合成とは？**

植物が、太陽光のエネルギーをつかって、水と二酸化炭素から栄養分と酸素をつくりだすはたらきのこと。光合成は、陸上の植物だけでなく、植物性プランクトンや海藻のような海中の植物もおこなっている。

## 発光生物

深海は太陽の光がとどかない「暗やみの世界」。深海に生きる生物には発光するものが数多くいる。発光の目的は、おもに次の3つだと考えられている。

- 光でやみを照らして獲物をさがしたり、獲物をよびよせたりする。
- なかまどうしで連絡をとりあう（コミュニケーション）。
- 光で敵をおどろかせて、そのすきににげる。

**ホタルイカ**
**（水深200～600m）**
危険にさらされると、全身の発光器をホタルのように光らせるためにこの名がついたといわれている。
©JAMSTEC

**ニジクラゲ**
**（水深500m付近）**
発光する触手をもち、外敵におそわれたときにこの触手をみずから切りはなすことで、発光する触手に敵の注意を向けさせてそのすきににげるといわれている。
©JAMSTEC

©JAMSTEC

**アカチョウチンクラゲ**
**（水深450～1000m）**
とうめいなかさの内側が赤い色素でおおわれていて、胃のなかがみえないようになっている。食べた生物が発する光をかくし、ほかの生物におそわれるのをふせぐためだ。

写真：はごろもマリンサービス大瀬崎／井上周弥

**チョウチンアンコウ**
**（水深1000～4000m）**
名前のとおり、頭のうえにつり糸のようなものがついていて、先端が光る。その光をゆらしながら、えものをおびきよせる。えものが近づくと発光液をあびせかけ、相手の目をくらましているうちに食べてしまう。
※写真は、静岡県沼津市の大瀬崎の海面下にあがってきたときのもの。

# ⑨深海魚って、何？

## 深海魚というと、「特別な魚・奇妙な生き物」というイメージがありますが、実際にはどんな生き物がいるのでしょうか？

### これも深海魚・あれも深海魚

水深200mより深い海を「深海」とよぶので、海の全体積の95％以上が深海ということになる。ということは、水深200mより深いところにすむ魚は、すべて「深海魚」だ。意外に食用とされる魚に、深海魚が多い。海底の砂場にいるヒラメやカレイのなかま、水深200～800mにすんでいる高級魚として知られるキンメダイも、深海魚ということになる。おなじみのズワイガニも水深数百メートルから1000mくらいの深海底にいる。タチウオのなかまやスケトウダラ、オヒョウなども、水深数百メートルの深海域にいる。

キンメダイ
ヒラメ

ギの稚魚）
動物性プランクトン
植物性プランクトン
イトマキエイ
200m
クロマグロ
アカクラゲ
オキクラゲ
マリンスノー
1000m
ホウライエソ
チョウチン
アンコウ
フクロウナギ
ユメナマコ
6000m
ナガヅエエソ
ソコボウズ
©JAMSTEC

## 深海の過酷な環境に適応

水深1000m以下の深海は、太陽の光がとどかないほか、水圧が高く、低水温、低酸素で、利用できる有機物が少ないなど、生物にとって過酷な条件がそろっている。深海にすむ生き物は、その過酷な環境に対応して、さまざまにからだの機能を発達させてきたのだ。

たとえばサメは、高水圧にたえられるように、水より軽い油を肝臓にためてうきぶくろの役割をさせている。からだを平べったくして水圧にたえるリュウグウノツカイは、最大で全長11mまで成長するといわれている。巨大イカとして知られるダイオウイカは、最大で全長が18mにもなる。深海でなぜ生き物が巨大化するのかは、まだよくわかっていない。

また、まっ暗な深海では退化した目や、巨大な口をもった奇妙な生き物が目立つ。

**リュウグウノツカイ**
全身が銀白色で、背びれ・胸びれ・腹びれがあざやかな紅色の神秘的なすがたのため、「竜宮の使い」という名前がついたといわれる。

写真：Photoshot/アフロ

もっと知りたい

### ディズニー版『海底二万里』

この本の「はじめに」にも書いたジュール・ヴェルヌのSF小説『海底二万里』の舞台は、1868年の南太平洋。

**あらすじ**

アメリカ政府の依頼を受け、正体不明の怪物の調査に出たアロナクス教授たちの前にあらわれたのは、怪物ではなく、潜水艦ノーチラス号だった。とらえられた教授たちは、艦長ネモと会い、おどろくべき装備をそなえたノーチラス号で過ごすことになる。果たして彼らは……。巨大イカの襲撃の場面は圧巻だ。

# 水の透明度

船が浮いているようにみえるこの写真は、イタリアのシチリア島の南に位置するペラージェ諸島でとられたものです。この島の周囲の海は、透明度が非常に高いことで世界的に知られています。

写真：高橋暁子/アフロ

湖や海の水の透明さをあらわす値（透明度）は、直径30cmの円板を水中にしずめてみえなくなる深さをメートル（m）で示しますが、その円板の色は何色？

ア 白　イ 黒　ウ 青

## 透明度くらべ

摩周湖は、1931年に41.6mの湖沼透明度の世界記録を記録し、現在も破られていない。現在、透明度はだいぶ下がってきたが、それでも28.0mある。

透明度が高い日本の湖トップ3は、いずれも北海道にある。1位摩周湖28.0m、2位倶多楽湖22.0m、3位支笏湖17.5mと続く。また、本栖湖（山梨県）は11.2mで7位、青木湖（長野県）は、9.8mの9位となっている。

出典：国立天文台編『理科年表平成26年』（丸善出版）

摩周湖全域は阿寒摩周国立公園の特別保護区になっている。

PART3
地球規模の
水面下
→P54
→P58
→P62
→P64
→P66
→P67
北緯85°
(北極点)
北緯90°
→P68
大陸棚
大陸斜面
深海底の平坦面
海溝
→P70
→P72

# ①世界の海の色

海は「青い」というイメージが強いですが、黄海や紅海など、青以外の色の名前がついた海もあります。海の色のちがいと、その水面下のようすをみてみましょう。

紅海
アラビア半島
黄河
中国
日本
黄海
ベトナム

## 黄海・紅海（どちらも偶然「こうかい」と読む）

海は青いといわれるが、中国大陸の東側に広がる海は、「黄海」とよばれる海。ここは、中国大陸を流れる黄河から注ぎこむどろによって黄色っぽくみえる。

また、アラビア半島の西側には、「紅海」とよばれる海がある。ダイバーたちに人気のきれいな海だが、「紅海」という名は、両岸の赤茶けた砂漠の土に由来するともいわれている。

ここは黄海の一部！白い点線は海岸線、その左側が陸。

中国

黄海周辺の衛星写真。

コバルトブルーの海、紅海。

## 黄色い大河

左ページにある海の色を黄色にした犯人は、黄河だ。中国の北部を流れて渤海（黄海の一部）へと注ぐ、全長約5464kmの中国第２（世界では６番目）の大河だ。粒子が細かく侵食されやすい黄土のなかを流れていくため、黄色の土砂が大量に流れこみ、水が黄色くにごってしまうのだ。それが海を黄色にそめる。

黄色くにごった水が勢いよく流れる黄河中流にある滝。

もっと知りたい

### 紅河という名の川もある

全長約1200kmの紅河は中国南部から発し、ベトナム北部を流れて南シナ海の一部であるトンキン湾に注いでいる。紅河の水は土砂を大量にふくんでいて、オレンジ色にみえる。「紅河」という名前は、この水の色に由来しているという。紅河が運ぶ大量の土砂は河口にデルタ (→p93) をつくってきた。この紅河デルタはベトナムの穀倉地帯となっている。

オレンジ色の水をたたえて流れる紅河。

ものしり雑学

# 海はなぜ青い

海が青い理由は、太陽光の性質と関係があると考えられています。空にかがやく太陽は、白っぽく光ってみえますが、じつは太陽の光には、7つの色（赤、だいだい、黄、緑、青、あい、むらさき）がふくまれているのです。

## 水面下では光が吸収される

海水にかぎらず、水には光を吸収する性質がある。海面から海のなかにさしこんだ太陽の光は、深いほうに進むにしたがって、海水にどんどん吸収され、光の量は減っていく。空にかかる虹は、赤や黄、緑や青など7色の光をたばねた帯のようになっている。これは、太陽の光にふくまれているそれぞれの色が、分かれてみえているからだ。このうち、水に一番吸収されやすいのは、赤い色の光で、逆に吸収されにくいのは青い色の光。海のなかにさしこんだ太陽の光は、まず赤、そして黄や緑も吸収されていき、青は、あまり吸収されずに最後まで残る。このため、海のなかにとどく太陽の光は、陸上とはちがって青い光になっている。それでも、200mくらいの深さ（深海→p48）になると、青い光も吸収されてしまうので、ほぼまっ暗になる。

**光がとどく深さの色によるちがい**

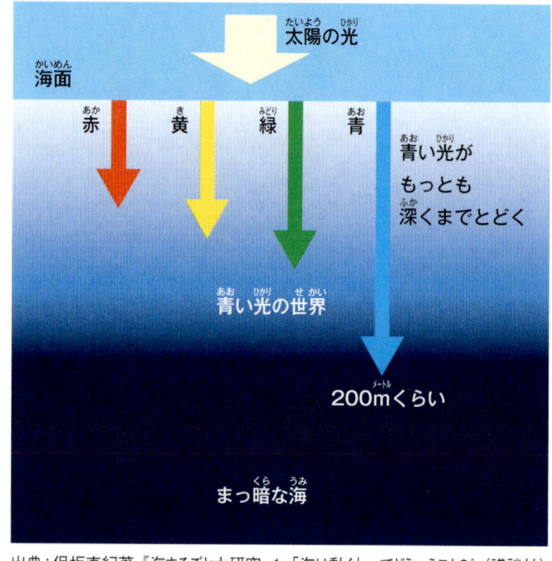


出典：保坂直紀著『海まるごと大研究　1「海は動く」ってどういうこと?』（講談社）

# 海のなかは、青い光の世界だ。

海のなかでは、あらゆるものが青みがかってみえる。

## 水中の状態で青さがかわる？

白いかべに赤い光をあてると赤くみえ、青い光だと青くみえる。壁の色が白でも、あてた光が反射して、その光の色にみえるからだ。海のなかは青い光の世界だから、浅い海底などは、青い光でてらされて青っぽくみえる。海中にただよっている小さな生き物の死がいやどろのつぶなどにその青い光が反射すると、海の水そのものが青っぽくみえる。海の水面下が青くみえるのは、太陽の光が水中で青い光にすがたをかえ、それがいろいろなものに反射して目に入るからだ。

日本列島の太平洋側を南から北に向かって流れている「黒潮」(→p58)は、プランクトンなどをあまりふくんでいないので、光はなかなか反射せず、もどってこない。そのため、暗くて黒っぽい青にみえる。このように、海がどのような青にみえるかは、その場所の水中の状態にも関係がある。

海上や陸上からみる海の色は、空の色の反射が加わる。空が青いと、海はますます青くみえる。

もっと知りたい

### 空が青いのは別の理由

海が青いのと空が青いのとでは、同じ青でも、その理由がちがう。海が青いのは、左ページのとおりだ。空が青いのは、地球をとりまく空気のなかで、太陽の光にふくまれる青い光だけがあちこち飛びまわって、空全体を満たすからである。空気のない宇宙空間を進んできた太陽の光は、地球にとどくと、空気にじゃまされて進みにくくなる。太陽の光にふくまれている色のうち、もっともじゃまされやすいのが青い光。そのため、青い光は空気のなかで進む向きをあちこちかえ、空全体にいきわたる。

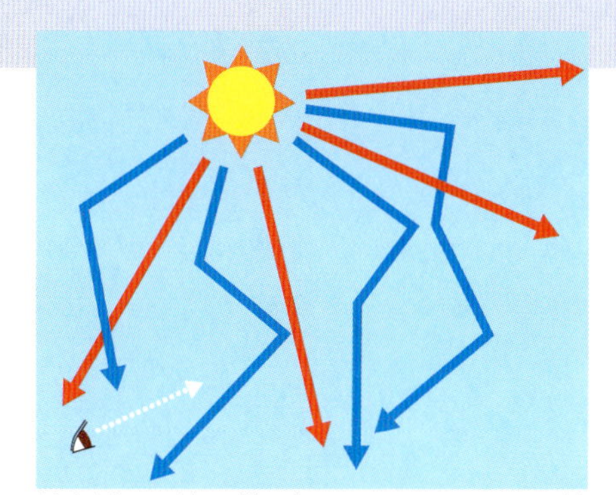

空気中では青い光は飛びちりやすいため、青がより多く目に入ってきやすい。

出典：保坂直紀著『海まるごと大研究　1「海は動く」ってどういうこと?』（講談社）

# ②日本のまわりの黒い海

**日本列島の太平洋側を、南から北に向かって黒潮（日本海流）が流れています。この海水は微生物が少ないため、透明度が高く青黒い色にみえます。そのため「黒潮」とよばれています(→p57)。**

## そもそも「潮」とは？

「潮」は、「月や太陽の引力によって周期的に起こる海面の昇降。海水。また、潮流。海流」などの意味がある。

海の水は、たえず動いていて、決まった向きに流れている。これが海流で、おもに太陽の熱と風などによって起こる。

**日本周辺の海流**

## 黒潮と親潮

黒潮（日本海流）は、赤道の北側ではじまる海流が、台湾と石垣島の間をぬけて、トカラ海峡を通って、日本南岸から房総半島沖まで達する暖流だ。これは、メキシコ湾流(→p61)、南極海流(→p61)とならぶ世界最大規模の海流のひとつ。流れのはやさは海面では秒速2mで、幅は100kmにおよぶ。

一方、日本近くには、千島列島に沿って南下し、日本の東岸を通過する海流がある。これは栄養が豊富で「魚類を育てる親となる潮」という意味から、「親潮（千島海流）」とよばれている。春になると植物性プランクトンが大発生し、緑や茶色がかった色になる。流れとしては弱く、秒速0.5m程度。

明らかに色がちがう！

手前の暗い青色の部分が黒潮（日本海流）

黒潮と親潮の境目。

鳴門のうず潮。うずが巻いている時間は、数秒から数十秒で、渦はできては消え、消えては新たなうずが発生するというのをくりかえす。大きなものは直径20mにもなる。

## 鳴門のうず潮

徳島県鳴門市と兵庫県南あわじ市の間の鳴門海峡は、瀬戸内海と太平洋とをむすぶ海峡で、潮汐が1日に2回起こっている。太平洋からの満潮（→p93）は、紀伊水道から大阪湾、明石海峡を通って5～6時間かけて鳴門海峡に達する。この5～6時間のあいだに、紀伊水道側はすでに干潮（→p92）をむかえている。このとき、瀬戸内海側と紀伊水道側の水位差は、最高で1.5mにもなる。

鳴門海峡の幅は約1.3kmとせまく、海峡の中央部はV字型に深くなっているため、潮流は時速13～15kmというはやい速度で流れる。この中央部のはやい潮流と、両岸に近い浅瀬のおそい潮流との境目にうずが発生する。これが世界三大うず潮のひとつとされる「鳴門のうず潮」だ。

**もっと知りたい**

### 潮汐

「潮汐」とは、潮の満ち引きのこと。潮の満ち引きは、月や太陽の引力によって海水面の上下運動が周期的に起こる現象。地球は自転しているため、1日に満ち潮と引き潮が交互に2回ずつ、約6時間周期で起こっている。

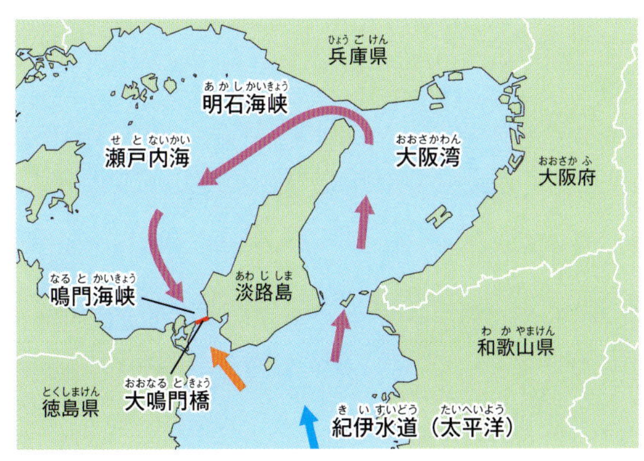


**①北流**（太平洋側より大鳴門橋を正面にみたとき）

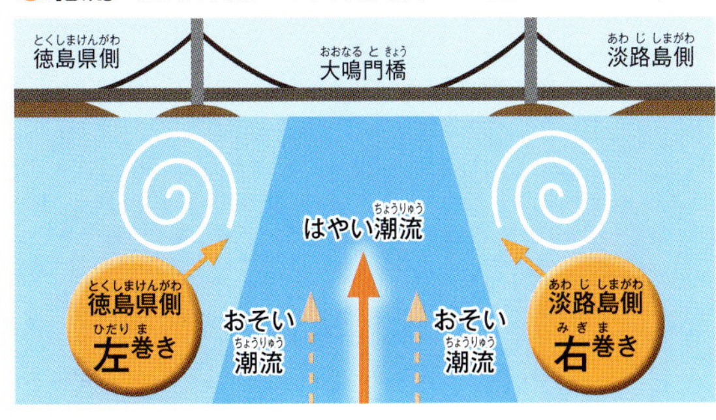


**②南流**（太平洋側より大鳴門橋を正面にみたとき）

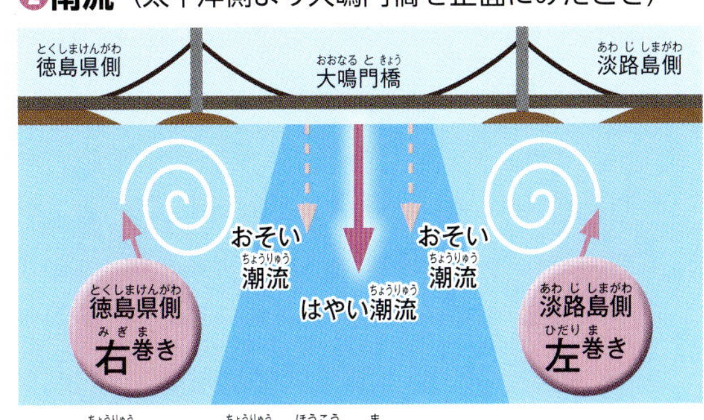


はやい潮流がおそい潮流の方向に曲がり、うずができる。

出典：うずしお観潮船ホームページ

ものしり雑学

# 世界の海流

地球規模の海流もある。それは、赤道のまわりの海は
太陽の光で温められやすい一方、
南極、北極に近い海は温められ方が弱いことや、
偏西風（→p93）や地球の自転の影響により生じる。



## 水の性質

水は、温かいところから冷たいところへ流れる性質がある。このため、赤道のまわりの温かい海水が南極や北極へ向かう流れが生じる。
この流れが、地球規模の超巨大な海流をつくる。だがこれは、風の力にも影響されると考えられている。地球には、偏西風（西から東へ）と貿易風（東から西へ）（→p93）という強い風が吹いている。この強い風が海水を動かすのだ。さらに、太陽の熱と風によってうまれた海水の動きに、地球の自転や、陸地や海底の地形が重なりあって海流の流れる向きを決めているとも考えられている。

海水温が高いガラパゴス諸島の海。

## 海流の名前

世界の海には、下の図に示すように多くの海流がある。日本付近には、黒潮、親潮のほか、日本海を北上する対馬海流、シベリア南東部沿岸を南下するリマン海流などが流れている (→p58)。
世界のおもな海流には、北太平洋海流、北赤道海流、南赤道海流、北大西洋海流、南極海流（環流）、ベンゲラ海流、カリフォルニア海流などがある。
もうひとつの海流（深層海流→p64・65）の正体、それこそ水面下の秘密だ！

出典:保坂直紀著『海まるごと大研究
1「海は動く」ってどういうこと?』
（講談社）

海水温が低い南極の海。

# ③太平洋と大西洋にも高低差!?

**地球上の場所によって海面の高さがちがうことは、意外と知られていません。どういうことでしょうか?**

カリフォルニア半島の南端からみた太平洋。

## なぜ海面の高さにちがいがあるの?

地球の表面には、陸上に8000mをこえる山もあれば、海にも8000mをこえる深い海溝があり、大きな凸凹がある。地球の重力は、この凸凹や地球の表層部分のようすを反映して、場所によってわずかに変化する。海面の高さは、地球の重力の影響を受けて決まるため、場所によって何十mもちがってくるのだ。

その海面の凸凹にさらに影響をあたえているのが、海流や潮の満ち引きだ。

## 海流や潮汐の影響も

海の海流には、川のように、流れの方向にしたがう高低差はない。しかし、流れと直角の方向に高低差が生じることがある。これは世界中の海にみられることで、右ページのパナマ運河の太平洋側と大西洋側の海面の高さのちがいは、その例だ。

パナマ運河の両端の距離は近いので、重力の影響はそれほど受けていないが、海流の影響などを受けてその高さがことなるのだ。また、潮汐の影響については、59ページの鳴門のうず潮がひとつの例といえるだろう。

地球の表面には、陸にも海にも凸凹がある！

陸と海の立体地形図。海面から高くなるにしたがって濃い茶色に、海面から低くなるにしたがって濃い青になっている。

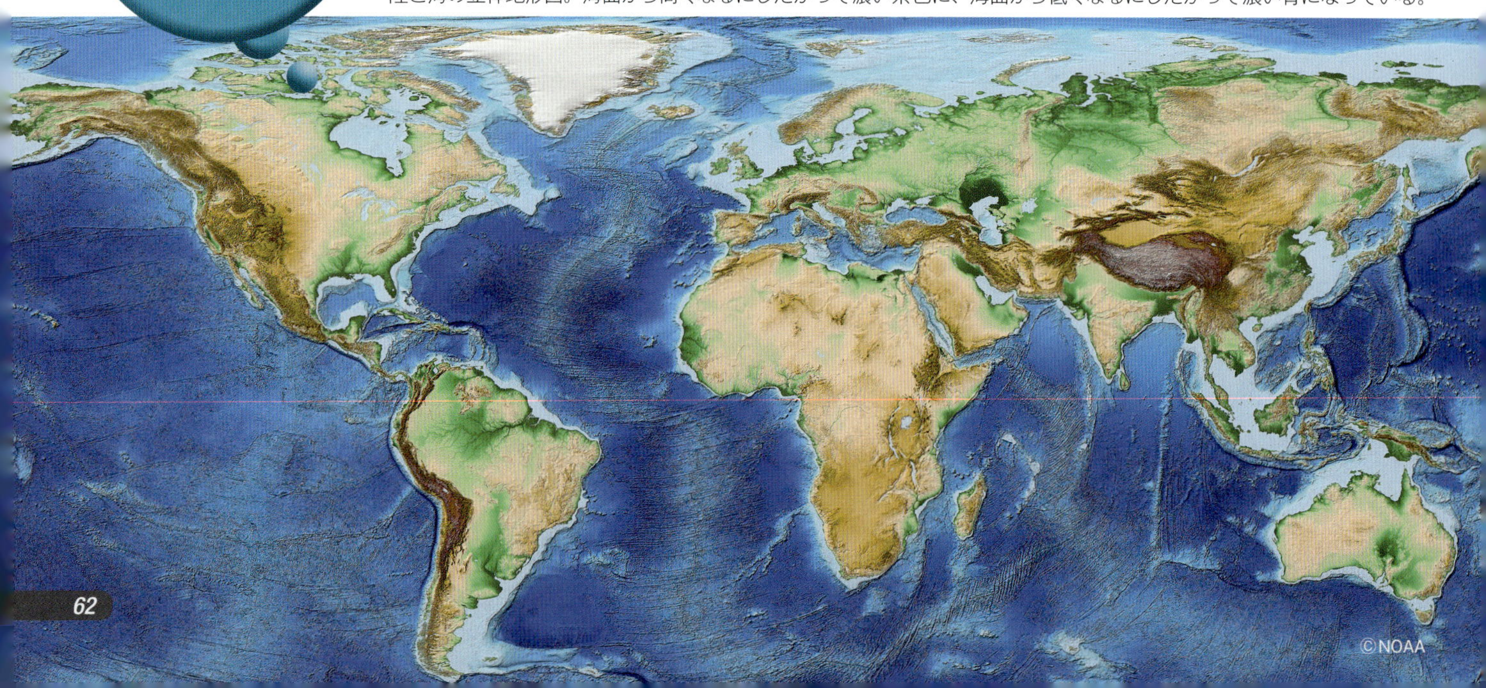

ものしり雑学

# パナマ運河

太平洋と大西洋(カリブ海)を結んでいるのが、
全長約80kmの運河「パナマ運河」です。
パナマ運河のしくみはどのようになっているのでしょうか。

水の
エレベーター!

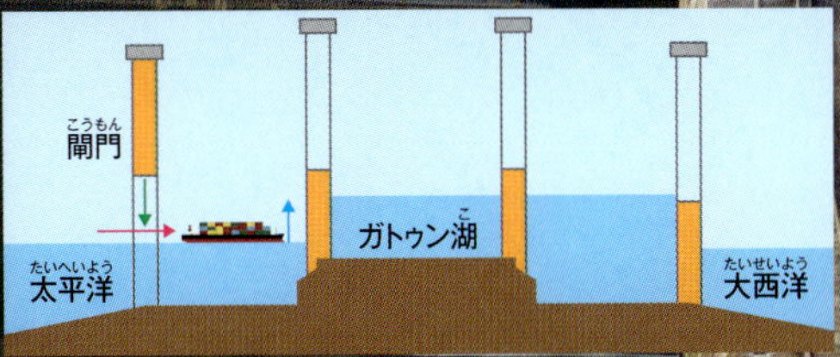

❶閘門内に船が入ったら閘門を閉め、水を入れてガトゥン湖と同じ水位にする。

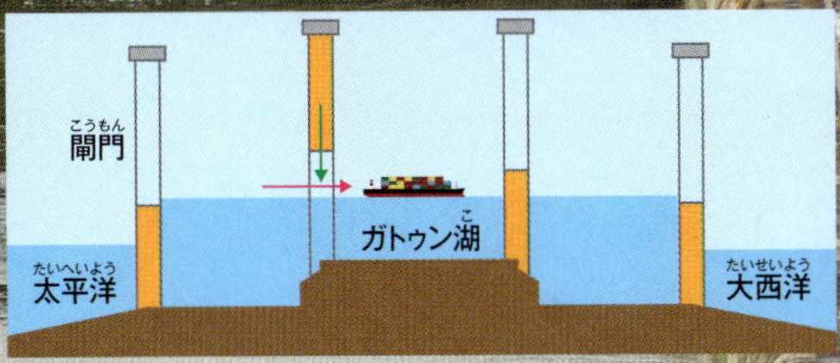

❷水位が同じになったら、閘門を開けて、船をガトゥン湖に出す。

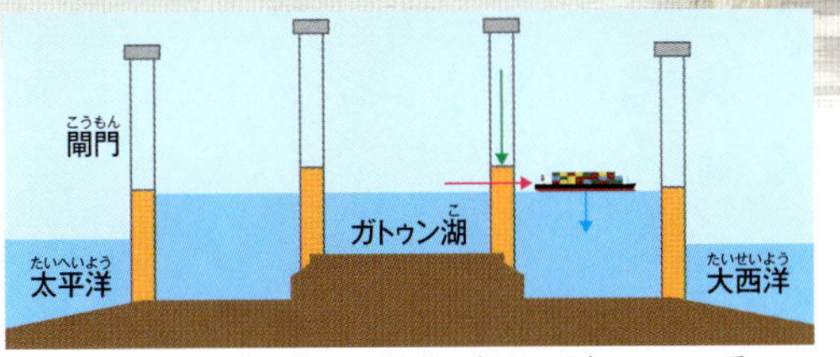

❸ガトゥン湖に出た船は、今度は水位の低いほうに出るため、閘門内に入り、水位を下げる。

## パナマ運河のしくみ

パナマ運河の太平洋側の平均水位は、大西洋(カリブ海)側より24cm高く、また太平洋側では±3.2m以上、大西洋側では60cm以上の潮位変動がある。
さらに、パナマ運河は標高26mにある人造湖ガトゥン湖を通過している。そのため、右の図のように、太平洋側からも大西洋側からも、閘門*を設けて水位を上下させて、船を通航させている。

*運河などで水量を調節するための水門。ロックともいう。

# ④大洋の深いところ

**かつて人類は、風の影響がない深い海は完全に静止した世界だと考えていました。ここでは、地球規模の海水について、表層から深層までみてみましょう。**

## 完全に静止した世界!?

じつは、以前から深海にも海流があり、「完全に静止した世界」ではないことはわかっていた。さらに、近年の計測機器の発達によって、その海流の構造が複雑だということもわかってきたのだ。この海流によって、深海の海水は、さまざまな場所へ運ばれ広がっている。

南鳥島南部の水深5783mの海底。

もっと知りたい

### 海の水面下

海水には、54ページでみた黄海のように河川が運んできた岩石の風化物質がとけこんでいる。また、大気中の気体もとかしこんでいる。海水にとけこんだ酸素は、海の表層にいる植物性プランクトンを育てる。

もっと知りたい

### 深層海流

海流は、海の同じ場所でも、浅いところと深いところとでは、まったくちがう流れになる。海面から水深1000mくらいまでの浅いところでは、秒速1m以上の速度で流れている。しかし、水深2000～4000mくらいの深いところでは、冷たくて塩分の濃い海水が、秒速10cm以下のゆっくりとした速度で流れている。この海の深いところを流れる海流を、深層海流という。

## 深層海流と海洋大循環

海水は、地球規模で循環していると考えられている。下の図は、その大まかな流れを示している。

海流の起源となるのは、北極（グリーンランド海やラブラドル海）と南極付近のかぎられた海域。北極や南極で冷やされて重くなった海水は、海底にしずみこんでいき、ゆっくりとした速度で、海底の地形にそって世界中をめぐる。

表層の海水は、おもに風によって循環しながらまぜあわされ、世界中をめぐる。

複雑な深層海流によって、さまざまな場所へ運ばれた海水は、運ばれたそれぞれの場所でゆっくりわきあがりながら、表層の海水とまざりあっていく。複雑な海流によってまざりあいながら、海水は大きく循環しているのだ。このまざりあうのにかかる時間は、もっとも長いもので1000年もの時間を要すると考えられている。これが海洋大循環の実態だ。

赤道付近の海面水温は30℃近くになるが、深層海流の水温は赤道付近の海底を通るときでも、約1℃。地球が過ごしやすい温度に保たれているのは、海洋大循環がエアコンのような役割を果たしているからだともいわれている。

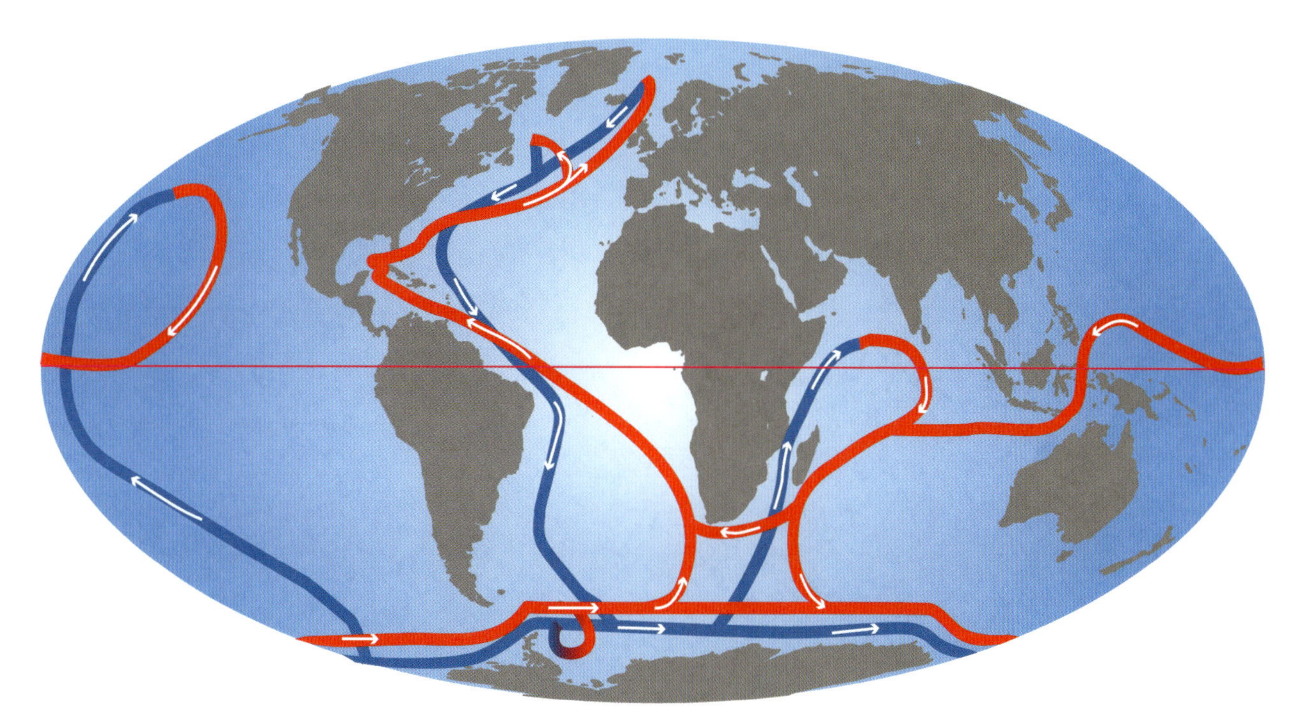

表層：おもに風によって循環しながら海水は混合していき世界中をめぐる。
深層：しずみこみを起点として、複雑な海流によって世界中をめぐる。
表層と深層の海水は、世界中のさまざまな場所で混合することでつながっている。　©JAMSTEC

もっと知りたい

### 海洋深層水

近年、深海から採取された「海洋深層水」が、清浄でミネラル（→p93）が豊富な水として、珍重されている。しかし、深層海流から上昇した海水なら確かに海洋深層水とよべるが、一般にいわれているのは、ただの深い海の水。水深200mより深い海を深海とよぶ（→p48）なら、海水の9割ほどが海洋深層水ということになる。

# ⑤水中洞窟

## ユカタン半島には、地球の奇跡がうみだしたといわれる神秘の泉「セノーテ」があります。

「ドス・オホス」（深さ約118m）とよばれるセノーテの入口。

### セノーテのようす

セノーテは、何百万年という長い時間をかけて雨水がじょじょに石灰岩を侵食して、地下に巨大な洞穴群を形成したもの。洞穴には地下水（淡水）がたまり、天然の泉になっている。

「アンヘリータ」とよばれるたて穴式のセノーテは、水中に雲のように白い川が流れているふしぎな光景（下の写真）がみられる。その秘密は、淡水から塩水に切りかわる「塩分躍層」（→p92）という現象にある。川のようにみえるのは、腐敗した植物が発生する硫化水素。腐敗した植物が積みかさなって層をつくり、その上が淡水、下が塩水となっているのだ。これまた、水面下の水の秘密だ！

ユカタン半島には、推定で7000ものセノーテがあるといわれている。多くのセノーテは真水の供給源だったが、なかには巡礼の地として崇拝の対象になってきたところもある。

雲のような白い層の下は塩水

# ⑥南極の海中の「死のつらら」

**「死のつらら」とは、それにふれてしまうと凍りついてしまうという、海中にできるブライニクルという現象のことです。**

ヒトデにせまる「死のつらら」!

ブライニクルにより海底が凍りついていく。写真の左下にはヒトデ、右上には人間がみえる。



## ブライニクルとは?

「ブライニクル」は、海中をうず巻きながら凍らせていくという脅威の自然現象のこと。1960年代にはじめて観測された。1974年まで「氷の鍾乳石」とよばれていたが、その強烈な冷気を帯びた氷柱にふれた生物はみな凍りつき、死んでしまうことから、「死のつらら」ともいわれるようになった。ブライニクルは、海中に0℃以下の塩水が流れこんだときにできると考えられているが、まだはっきりわかっていない。

# ⑦氷山の一角

**北極の氷がとけても海面は上昇しないといわれていますが、本当でしょうか？そもそも北極の氷の水面下は、どのようになっているのでしょうか？**

## 「氷山の一角」とは？

氷山は、氷河や棚氷*から切りはなされて海に流れだした大きな氷のかたまりのこと。水面上にみえるのは、全体の１割ほど、９割は海中にあるといわれている。

「氷山の一角」という言葉があるが、これは、「たまたま表面にあらわれたのは全体の一部分にすぎない」といった意味。

## 北極海に浮かぶ氷だけにかぎれば

北極の氷がとけても、水の量はかわらず、海面も上昇しない。これは「質量保存の法則」によることで、北極海に浮かぶ氷だけにかぎれば、「北極の氷がとけても、海面は上昇しない」は、正しいことになる。しかし、現在、地球温暖化によって北極の氷がとけているのは事実。地球温暖化によって氷がとけるのは、南極大陸やグリーンランド、高山の雪、氷河、北極周辺の陸地部の氷も同じ。これらがとけて海に注げば、その分、海面が上昇するのはいうまでもない。

もっと知りたい

### 質量保存の法則

水が氷になると体積が1/11増える。このため、氷を真水に浮かせると1/11は水面に顔を出すが、10/11は水面下にあり、これがとけても10/10＝1になる。これを「質量保存の法則」とよんでいる。

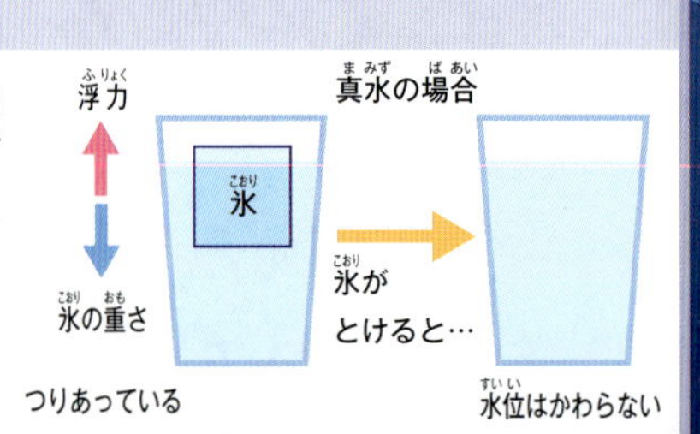


北極海の氷山のイメージイラスト。

* 陸上の氷河または氷床が海におしだされ、陸上の氷と連結したまま洋上にある氷のこと。

南極のロス海南部にある棚氷。フランスとほぼ同じ面積がある。

## 北極と南極のちがい

北極は、地球上の北極点を中心とする北極海とその周辺の島や大陸の沿岸部をふくむ地方をさす。大部分をしめる北極海は、ユーラシア大陸、北アメリカ大陸、グリーンランドにかこまれている氷の海で、地球の自転軸の北端、北緯90度にあたる。

北極海の平均水深は約1300m、最大水深は5000m以上。かつては北極海沿岸は巨大な氷床におおわれ、水位も現在より120m下がっていたと考えられている。

一方、南極とは、南緯60度以南の海域（南極海）にある「南極大陸」のことだ。

南極海の最大水深は約8200m。大陸部分は氷におおわれ、海岸線は棚氷となっている。棚氷の厚さは、先端付近でも200mにも達する。しかし近年、地球温暖化の影響で、棚氷の底面がとけたり、棚氷が大陸部から分離したりしている。

北極海

西経 175度
（アラスカ側）
東経 5度
（スカンディナビア側）
（北極点）
北緯 75度
北緯 80度
北緯 85度
北緯 90度
北緯 85度
3000
5000

北極には大陸がなく、北極点もそのまわりも海。ただし、海氷（海水からできた氷）におおわれており、この海氷の厚さはだいたい数メートルで、海に浮かんでいる。北極海の海底は上のような地形をしていて、もっとも深い所では5000mをこえるところもある。

出典：国立極地研究所監修『南極から地球を考える 3 南極と北極のふしぎQ&A』（丸善出版）

北極
日本
赤道
南極

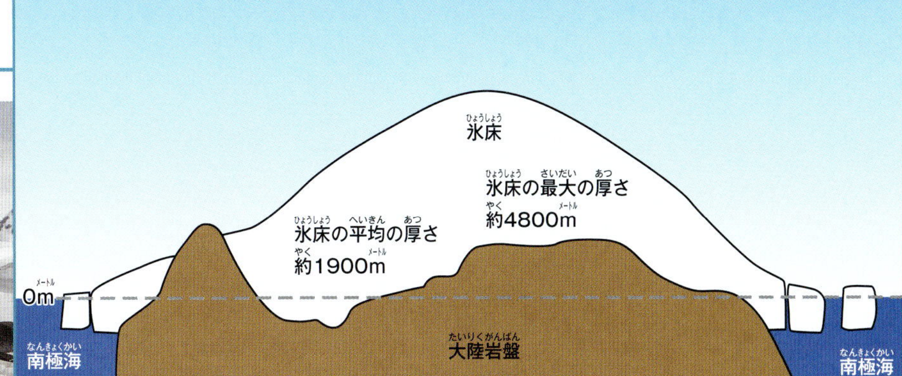


南極には南極大陸がある。南極点はこの陸の上だ。雪が降りつもってかたまった、数千メートルの厚さの「氷床」という氷におおわれている。

出典：環境省「なんきょくキッズ」ホームページを元に作成

南極大陸

# ⑧海溝とは？

**まわりの海底よりも極端に深く、長さが数百から数千キロメートルにもなる海底の地形を「海溝」とよびます。おもな海溝のもっとも深い部分の水深は7000m以上あります。**

## 世界の海溝

大陸の斜面が水面下にゆるやかに続いている地形を「トラフ」とよぶが、トラフと海溝との境界ははっきりしていない。世界の海溝の分布は弧状列島（→p92）の大洋側に沿うことが多く、近年は弧状列島に沿うものだけを海溝とよぶことが多くなってきたという。

### 海底地形の名前

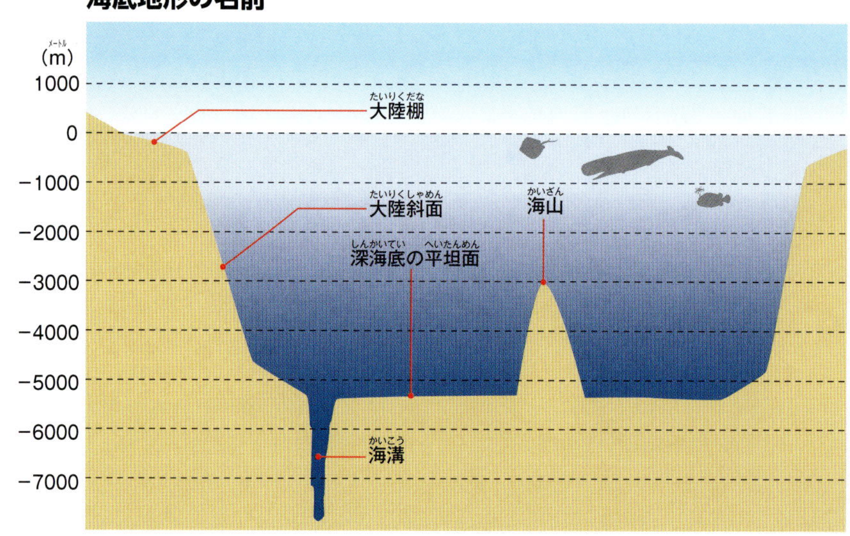


出典：保坂直紀著『海まるごと大研究　1「海は動く」ってどういうこと?』（講談社）

### 世界のおもな海溝（海嶺→p92をふくむ）



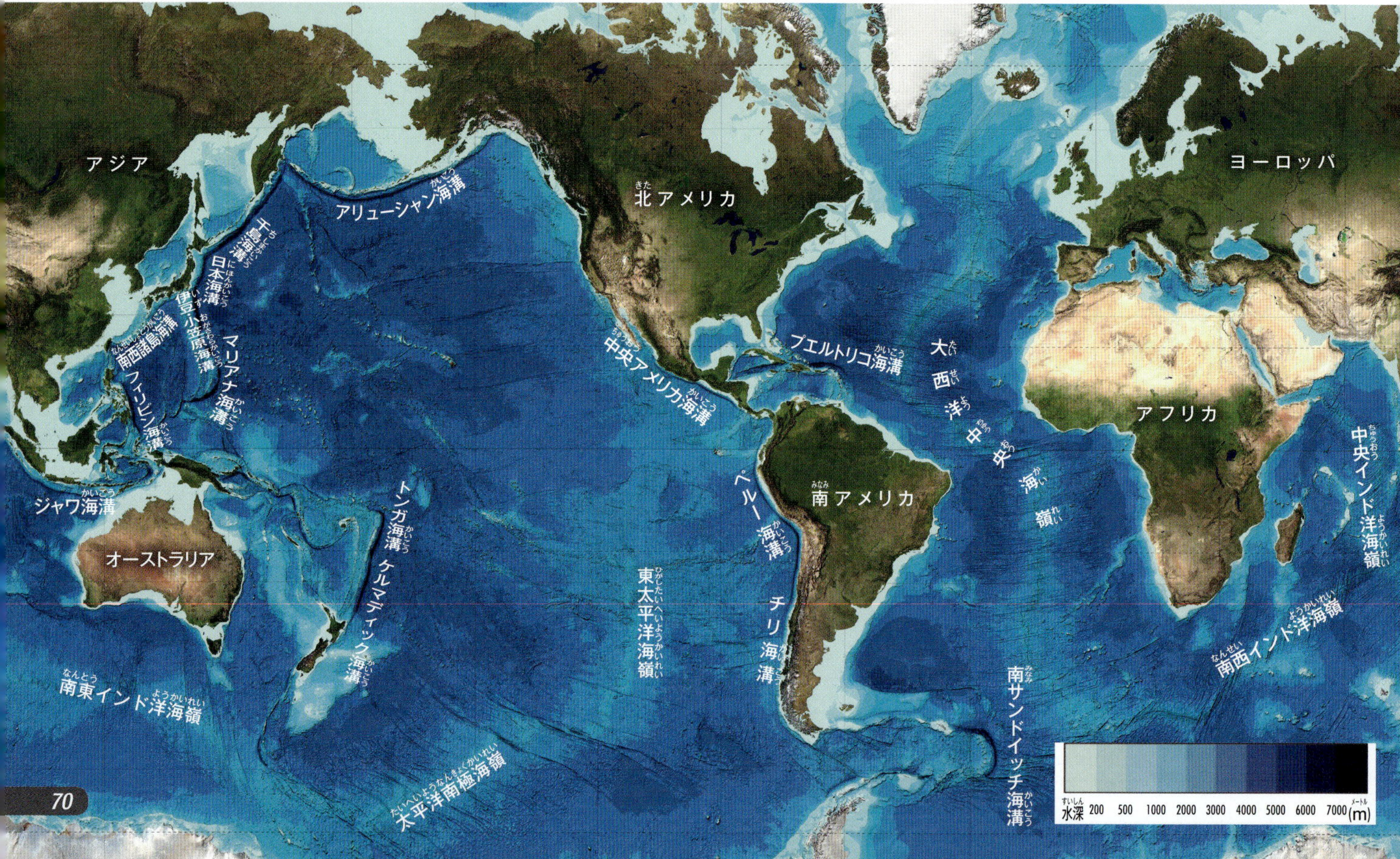

# マリアナ海溝

マリアナ海溝は、マリアナ諸島の東側にある、世界でもっとも深いとされる海溝です。近年の探査技術の発達により、新しい発見が期待されています。

## 地球でもっとも深いところ

マリアナ海溝の最深部は「チャレンジャー海淵」とよばれている。最新の計測では水面下1万911mとされ、地球上でもっとも深い海底凹地（海淵）だ。未知の世界に引きつけられた研究者たちにより、マリアナ海溝の探査は続いている。

■近年のマリアナ海溝のおもな探査記録

- 2008年、日本の大深度小型無人探査機「ABISMO」が、「チャレンジャー海淵」の水深1万258mに到達。
- 2012年3月、映画監督で探検家のジェームズ・キャメロン氏が、「ディープシー・チャレンジャー号」に単独で乗りこみ、チャレンジャー海淵の海底1万898m地点に到達。
- 2017年8月、JAMSTEC (→p92) とNHKが共同で、水深8178mで魚類のすがたを撮影することに成功。

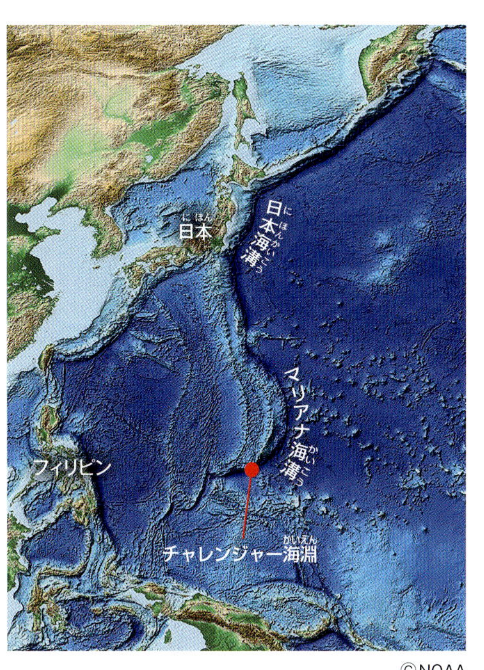

©NOAA

もっと知りたい

### 熱水噴出孔

2016年末、アメリカの調査チームによって、マリアナ海溝近くの水深4000mほどの海底で、新しい熱水噴出孔が3つ発見された。

「熱水噴出孔」とは、地熱で熱せられた水が噴出する深海底の割れ目。熱水は数百度で、マグマ由来の重金属や硫化水素などを豊富にふくんでいる。これらの化学物質をエネルギー源にして生きている微生物や、その微生物を食べる生物が集まり、化学合成 (→p92) による食物連鎖のしくみがなりたっている。熱水噴出孔は、すべて同じというわけでなく、温度や排出する化学物質がことなると集まってくる生物もことなるといわれる。

©NOAA
マリアナ海溝近くの熱水噴出孔。

©NOAA
熱水噴出孔は生物活動が活発で、複雑な生態系 (→p93) が存在している。

マリアナ海溝は、太平洋プレートがフィリピン海プレートの下にしずみこんでいる地帯で、地殻変動が多い (→p72)。そのため周囲には、熱水噴出孔が数多く点在している。発見された3つの熱水噴出孔の調査データの分析には時間がかかるといわれるが、未知の発見が期待されている。

# ⑨大地震を引きおこすプレート

**海は地球の表面積の約7割を占めます。その水面下深くにはプレートとよばれる岩盤があり、さまざまな地殻変動*を引きおこしています。地震もそのひとつです。**

## そもそも「プレート」とは？

地球の表層は、卵の殻のようなかたい岩盤でおおわれている。これが何枚にも分かれ、それぞれことなった動きをして移動している。この板状の岩盤を「プレート」という。

それぞれのプレートの端では、プレートがほかのプレートの下にしずみこんだり、プレートどうしがすれちがったりする。プレートはその内部で変形することはほとんどなく、プレートどうしの動きによって引きおこされる「ずれ」や「ゆがみ」が、プレートの境目に集中する。このため、プレートの境界にあたるところでは、地殻変動がさかんで、地震や火山の活動などが多くみられる。

プレートには陸地をつくる「大陸プレート」と、海の底をつくる「海洋プレート」がある。海洋プレートは、大陸プレートよりも重く、それらがぶつかりあっているところでは、海洋プレートが大陸プレートの下にしずみこむ。

**世界のおもなプレートと地震の分布**（赤い部分が地震多発地帯）

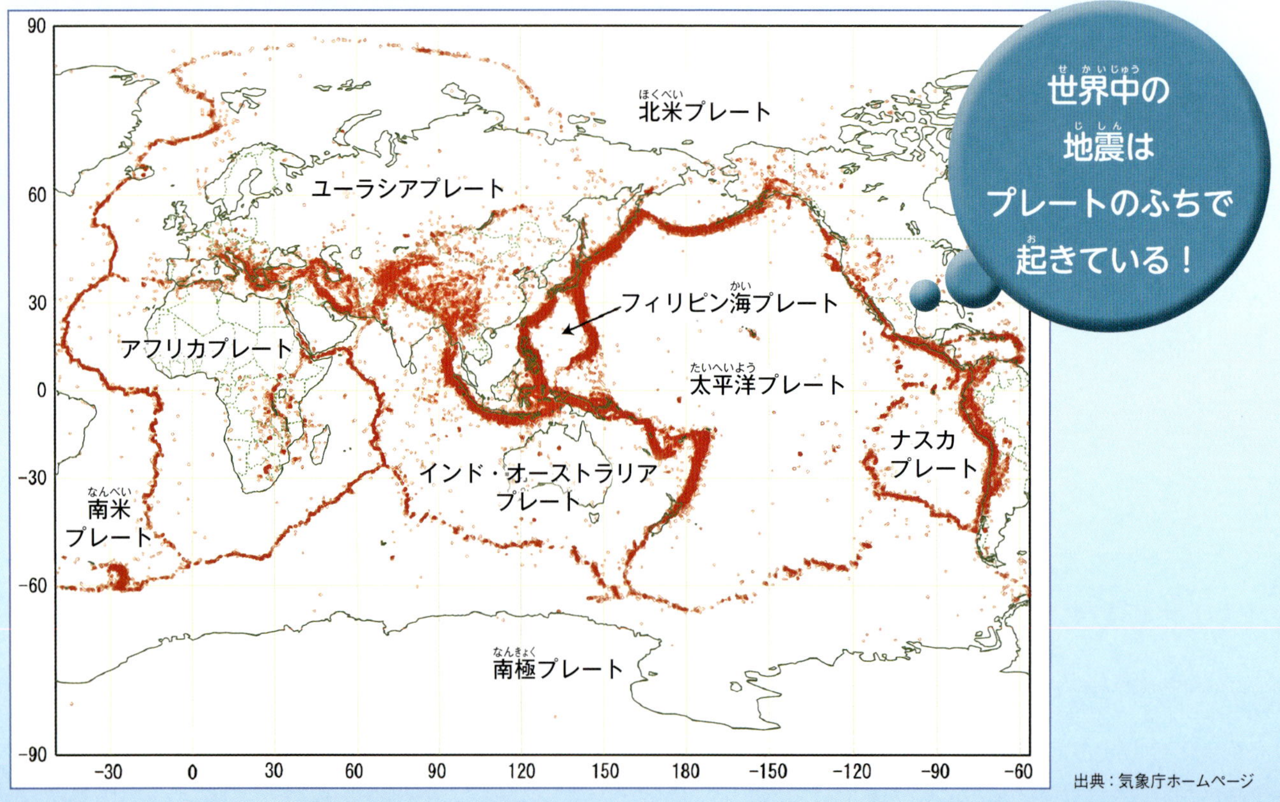


出典：気象庁ホームページ

*地球内部のエネルギーによって、地球の表面が隆起したり沈降したりすること。

## 地震が多い日本列島

日本列島は、複数のプレートが複雑に接している境界に位置している（右の図）。そのため、日本列島周辺では、地震が非常に多い（地球上で発生する地震の約10％）。

出典：気象庁、地震本部のホームページなどを元に作成

## 地震はなぜ起こる？

地震は、地下で岩盤がずれることによって生じる。海洋プレートが大陸プレートの下にしずみこむとき、下に向かって動く海洋プレートに引きずられて、大陸プレートの端に「ひずみ」がたまっていく。それが限界に達すると、海洋プレートと大陸プレートのあいだで、ひずみをにがす断層運動*が起こり、大陸プレートがはねあがる。この場合の大陸プレートのはねあがりは、ひずみの蓄積を一気ににがすので、大地震が発生する。こうした地震のことを「プレート境界型地震」とよぶ。

ただし、このような地震ですべてのひずみの蓄積がにがされるわけではなく、両プレートの内部に少しずつたまったひずみにより、プレート境界以外でも地震を引きおこすことがある。

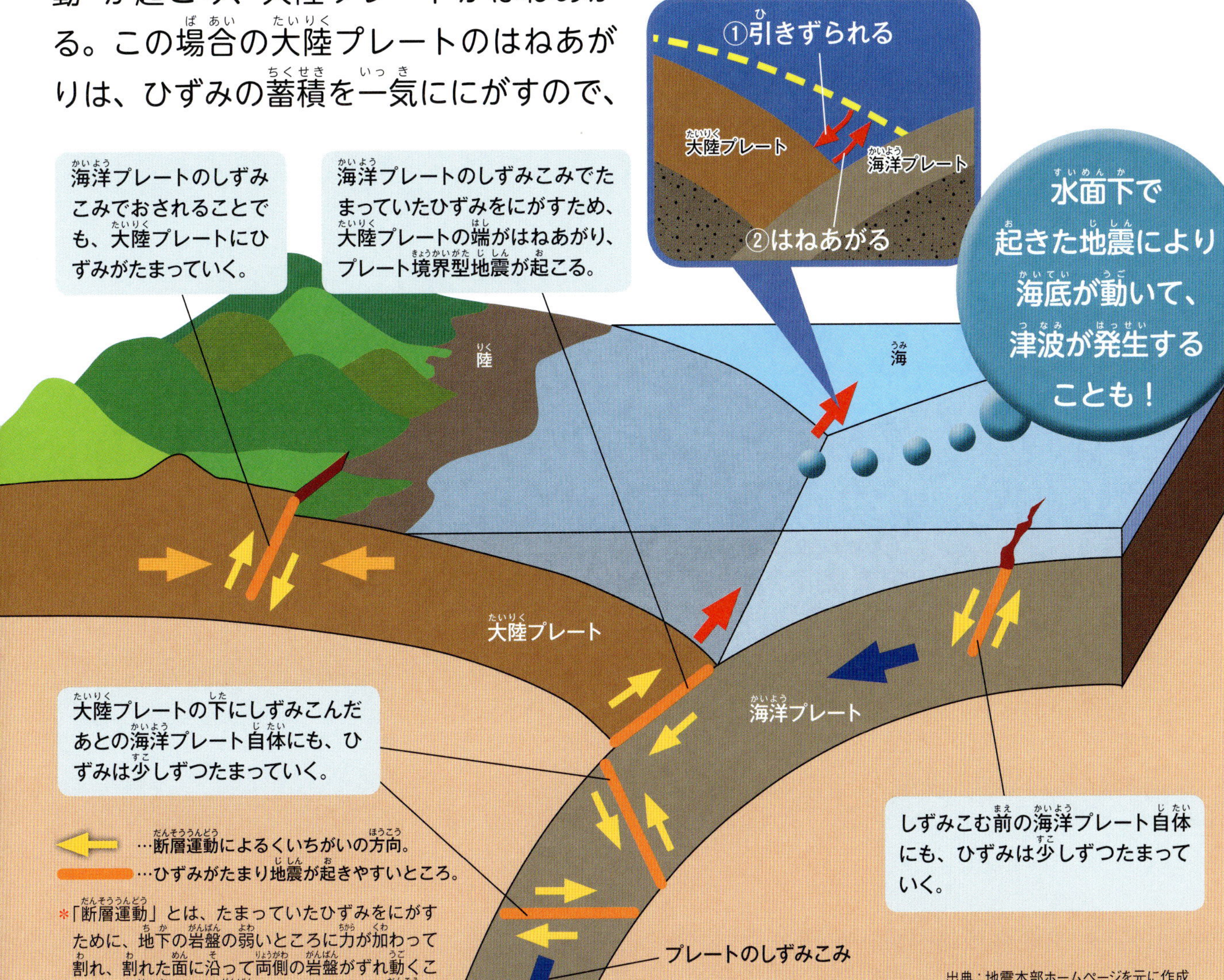
海洋プレートのしずみこみでおされることでも、大陸プレートにひずみがたまっていく。
海洋プレートのしずみこみでたまっていたひずみをにがすため、大陸プレートの端がはねあがり、プレート境界型地震が起こる。
①引きずられる
大陸プレート
海洋プレート
②はねあがる
水面下で起きた地震により海底が動いて、津波が発生することも！
陸
海
大陸プレート
海洋プレート
大陸プレートの下にしずみこんだあとの海洋プレート自体にも、ひずみは少しずつたまっていく。
しずみこむ前の海洋プレート自体にも、ひずみは少しずつたまっていく。
…断層運動によるくいちがいの方向。
…ひずみがたまり地震が起きやすいところ。
プレートのしずみこみ

*「断層運動」とは、たまっていたひずみをにがすために、地下の岩盤の弱いところに力が加わって割れ、割れた面に沿って両側の岩盤がずれ動くこと。その結果できた岩盤のくいちがいが「断層」。

出典：地震本部ホームページを元に作成

もの しり 雑学

# 世界の海底火山

海底火山は海底で噴火が起こってできた火山のことです。
水深の浅いところで海底火山が噴火すると、
大量の噴出物が堆積（→p93）し、海面上にあらわれて島になることもあります。

小笠原諸島（東京都）の西之島（2017年7月撮影）。東京の南方約1000kmにある無人島。海底火山の噴火によりできた島。海上に出ている部分の標高は約160m（2018年1月発表参考値）だが、海底からの高さは約4000mもあり、富士山よりも高い火山といえる。

出典：海上保安庁ホームページ

右の図のように、火山は世界中に分布している。現在、地球上で活動している火山の9割ほどは、プレートの境界付近（おもに陸）に位置している。しかし、海面下の海嶺（→p92）にも多くの火山があり、溶岩を大量に噴出しながらプレートを成長させている。じつはマグマの噴出量だけでみれば、地球の火山の大半は海底にあるともいえる。

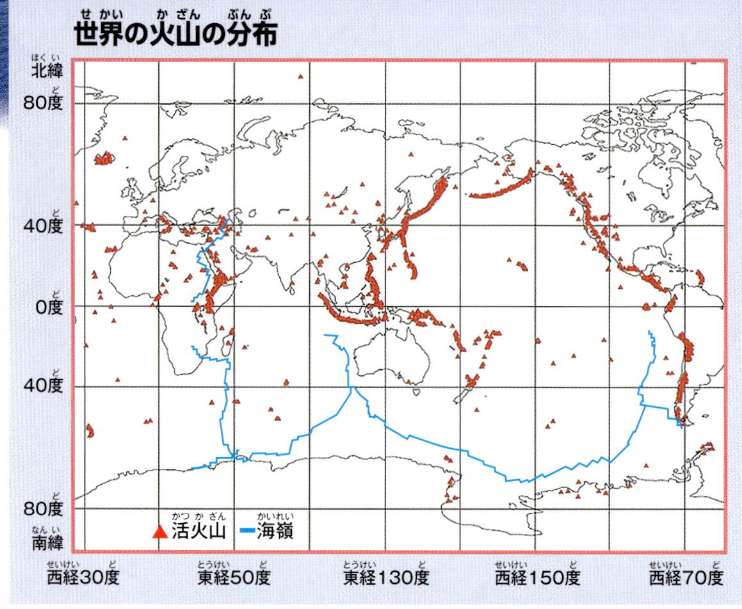


出典：山崎晴雄・久保純子監修『図解日本列島100万年史　2大地のひみつ』（講談社）

もっと知りたい

## 地球でもっとも大きい火山「タム山塊」

タム山塊は、日本列島の東方約1600kmの太平洋沖にある、活動を休止している海底火山だ。山頂は海面下約2000m、ふもとは海面下約6400mにある。底面の面積は約31万km²。日本の国土面積（37.8万km²）とくらべると、その広さがよくわかる。

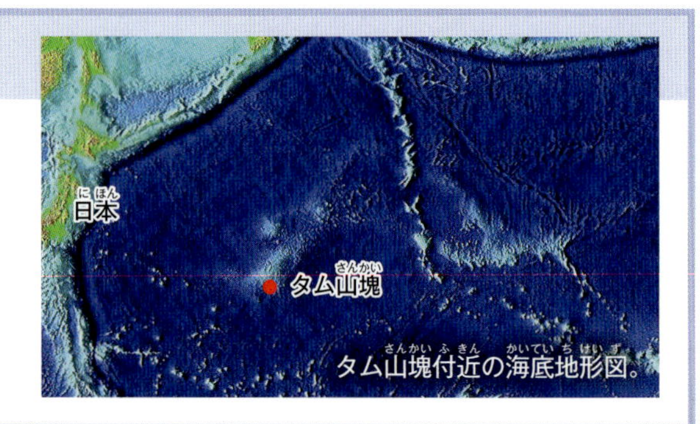


タム山塊付近の海底地形図。

PART4

# 人類と水面下

# ①船の底

**船の底ってどうなっているのか、
みてみたくありませんか。
どんな形をしているのでしょう?
どのくらい水面下にしずんでいるのでしょう?**

## 喫水とは?

船が水に浮かんでいるときの水面と船体との交線を「喫水（船脚）」という。いいかえると、喫水の下の船体が、水面下の船底だ。船の水面下にしずんでいる部分の深さは、船とその燃料、積荷の重さの合計によって決まる。また、海水と淡水の比重差によってもかわる（海水のほうがしずまない）。

もっと知りたい

### バルバス・バウ

バルバス・バウは、波の抵抗を少なくするために、おもに大きな船の喫水線下の船首に設けてある球状の突起。船首がつくりだす波と、球状部分がつくりだす波が、たがいに打ち消しあって波の抵抗を少なくすることができる。

ものしり雑学

# 浮力とは？

プールに入ると体が軽く感じたり、池に投げた石がゆっくりしずんでいったり、船が浮いたりするのは、水には浮きあがらせようとする力があるからです。この力を「浮力」といいます。

## なぜ浮力が生じるのか

水中では、水面下の深さによって物体にかかる圧力がちがう。このため、物体の上面をおす力より下面をおす力のほうが大きくなる。この圧力差によって浮力が生じる。

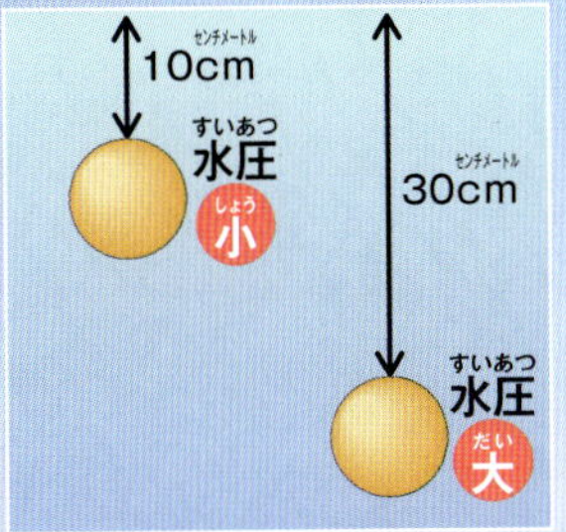


水深10cmよりも、30cmにある物体のほうが受けている水圧が大きい。

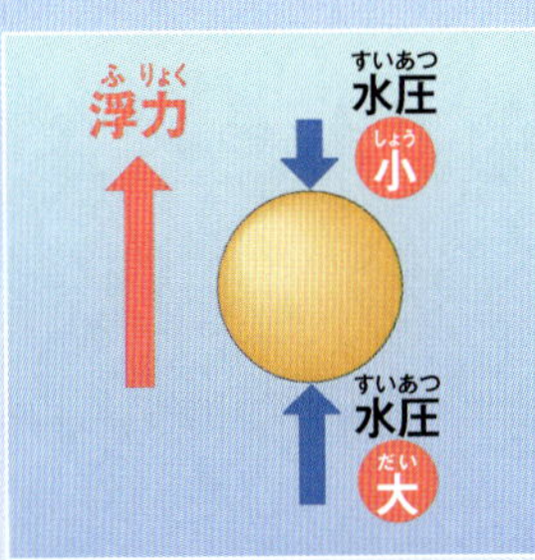


物体の上面よりも下面のほうが大きい水圧を受けているため、浮力が発生する。

## 淡水と海水の浮力のちがい

夏休みに海やプールにいったときに体が浮きやすく感じるのは、海。これは、海には1Lあたり約35gの塩がふくまれていて、淡水より密度が高くなるからだ。塩水の濃度によっても浮きやすさはかわってくる。イスラエルとヨルダンの間にある死海は、一般的な海水の7～8倍の塩分がとけているといわれている。そのため湖水の密度が非常に大きく、淡水や海水にはしずむものが、ぷっかりと浮かぶ。

死海では、湖に浮きながら新聞や本を読むこともできる！


死海で浮かびながら読書をする人。

写真：竹内裕信/アフロ

# ②船をつかう漁いろいろ

**船が水面下でおこなうことのひとつに、漁があります。水面下では、どんなことがくりひろげられているのでしょうか。**

## いろいろな漁法

魚を漁獲する漁法には、さまざまな種類がある。それぞれに特色があり、どのような漁法で、どんな魚をとっているのかみていこう。

**一本釣り**

漁船の上から針と糸をつかって魚をねらう漁法。マダイ、ブリ、アジ、サバ、カツオ、マグロなどにつかわれる。

**船びき網漁**

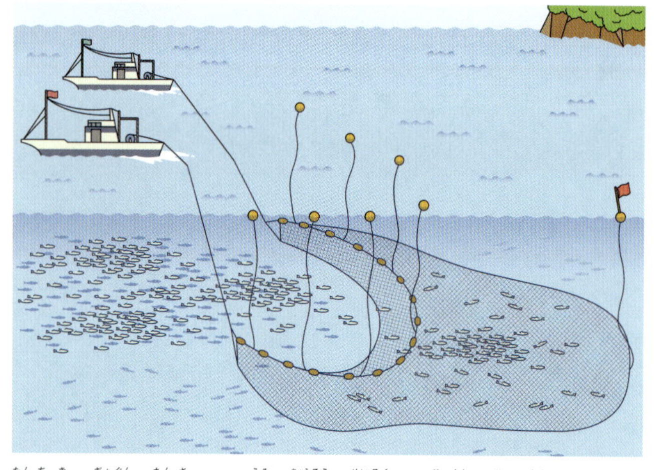

探知機で魚群を探査して、海の中層に生息する魚群を引き網によってとる漁法。魚群を網のなかに追いこんだあと、網を船上に引きあげて漁獲する。イワシ、サヨリ、スケトウダラ、ホキ、オキアミ、エビなどがとれる。

**底びき網漁**

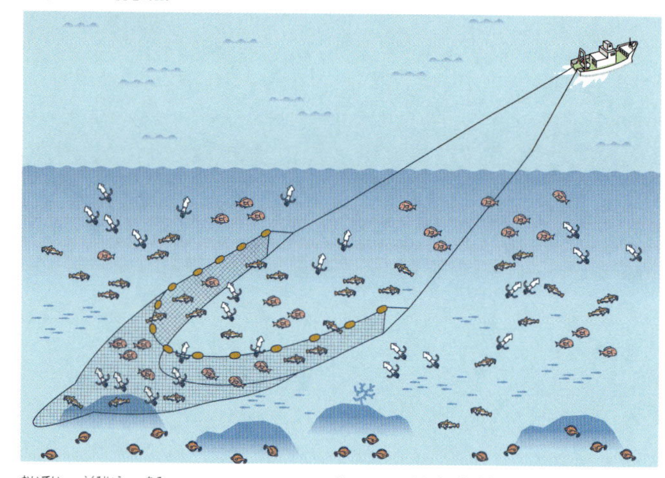

海底に袋状の網をおろし、それを引いて、海底付近にいる魚（スケトウダラ、カレイ・ヒラメ類など）、エビ類、カニ類、貝類をとる漁法。

もっと知りたい

### ソナー・魚群探知機

ソナーとは、音波によって海底・船・魚群などを探知する装置。漁労用途では、魚群探知機が船の真下を探知するのに対し、その周囲も探知できるものをソナーとよんでいる。水中で音波を発信し、その音波が対象物に反射してもどってくるまでの時間から、対象物までの距離を測定する。

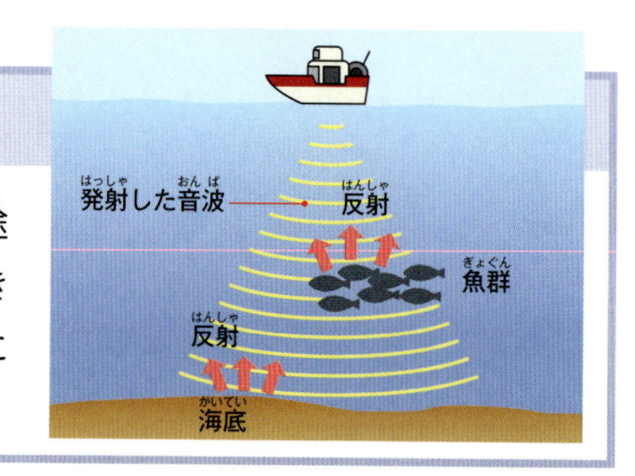

## マグロはえ縄漁

日本伝統の漁法で、１本の幹縄に針のついた枝縄を一定間隔でとりつけた漁具をつかう。幹縄の長さは数百メートルからときには数百キロメートルにおよぶこともある。

## 巻き網漁

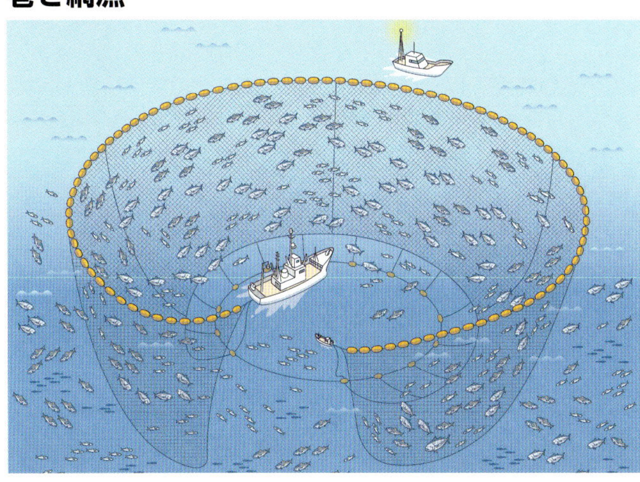

大型の網で魚群をすばやくかこいこみ、海中で網の底をしぼりながら巻きあげ、船につみ上げて捕獲する。アジ、サバ、イワシなど大群で回遊する魚をねらう。

## イカ釣り漁

イカが光に集まる習性を利用した漁法。夜の海を強い光（集魚灯）で照らしてイカを集め、自動イカ釣り機によりイカ針（疑似餌）をイカの群れまで下ろして釣りあげていく。集魚灯の光は、人工衛星からでも確認できるほど明るい。

## サンマ棒受け網漁

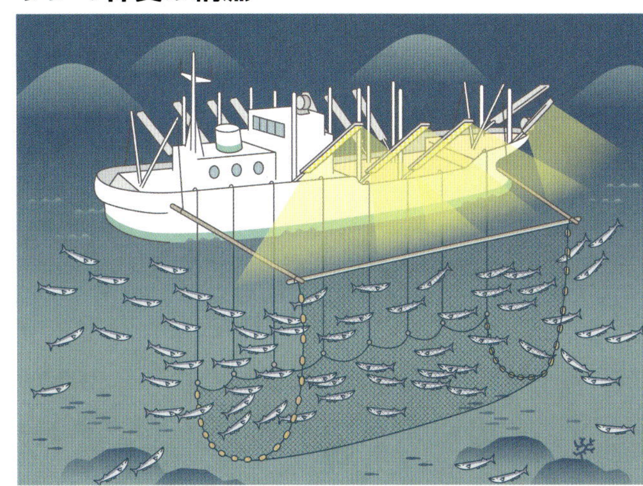

サンマが光に集まる性質を利用した漁法。まず右側の照明灯（集魚灯）を照らして群れをおびきよせ、反対側の左側に棒受け網を下ろす。光につられて魚が集まったところで集魚灯を消して、船の左側の集魚灯をつけると、魚は網のなかにさそいこまれる。網はウインチで巻きあげる。

## さし網漁

魚の通り道に帯状の網をしかけ、その網に魚がささったようになることから「さし網」とよばれる。網は、上側に浮きを、下側におもりをつけて垂直に張る。

もっと知りたい

### 深海デブリ

デブリとはゴミのこと。海洋ゴミは、海上を漂流したり沿岸に漂着するだけでなく、深海底にもしずんでいることがわかった。深海デブリが、海洋生物の生息環境、大きくは地球環境にどのように影響するか、未解明な点が数多くある。

駿河湾の土肥沖・水深1500m付近の海底で発見されたポリ袋（「しんかい6500」（→p86）により撮影）。

# ③水面下のおもしろ施設

**海の水面下に、ホテルやレストラン、美術館、ポストや神社まであるのには、びっくり！まるで竜宮城のような、そのようすをみてみましょう。**

**水中美術館**

2009年からメキシコのカンクン沖でサンゴ礁保護のプロジェクトとしてはじまり、2010年に開設された水中美術館。480体以上の彫像が海底に展示されている。

写真：ロイター/アフロ

## 水中で美術鑑賞？　水中で食事？

青くすみきった海とヒラヒラ泳ぐ魚のすがたを間近でみながら、食事をしたり、くつろいだり。人類は、そんな夢のような施設をつくることに成功した。施設の外装や水中美術館の彫像は、サンゴなど海の生物が生育しやすい素材でつくられているなど、海の環境に悪影響をあたえないように考えられているという。何か特別な思いを伝えたくて、海中のポストに手紙を投函したり、海中の神社にお参りしたりする人がいる。

### 海中レストラン

モルディブにある世界で一番はじめにつくられた、水深約5mにあるレストラン「イター（ITHAA）」。

### 海中ホテル

フィジーのタベウニ島の海にある海底ホテル、ポセイドン・アンダーシー・リゾート。客室は海底12mにあり、それぞれ独立したカプセルのようになっている。

写真：Shutterstock/アフロ

### 海底郵便局

バヌアツのハダウェイ島海洋自然保護区内、水深約3mの海底に設置された郵便局。世界で唯一の海底郵便局。

写真：Alamy/アフロ

### 海底神社

千葉県館山市の波左間海中公園の水深15mほどのところにある神社。近くの洲崎神社の分社として、海難事故防止・安全祈願のために1997年7月20日の海の日に設置された。

写真：共同通信社/ユニフォトプレス

### 海中ポスト

1999年、町興しを目的に和歌山県すさみ町の沖合水深10mに設置された郵便ポスト。投函されたハガキ*は地元のダイバーが回収し、郵便局を通じて全国に配達される。

写真：共同通信社/ユニフォトプレス

*ハガキは耐水性のものをつかい、油性ペンで書く必要がある。

# ④水面下の橋脚

淡路島と兵庫県明石市の間にある明石海峡にかかる明石海峡大橋。潮の流れの強い水面下で、橋を支える橋脚はどのようになっているのでしょうか。
どうやって水中につくったのだろう？


## 橋脚の基礎

橋を支える橋脚は、水中では橋の重さだけでなく、水圧と潮流にもたえる強さが必要とされる。ここでは、明石海峡大橋の橋脚の重要な基礎となる、主塔基礎の設置法をみてみよう。

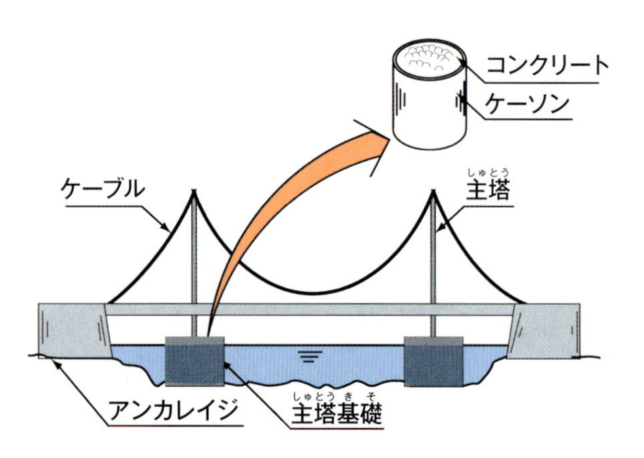


明石海峡大橋の基礎には、主塔を支える主塔基礎とケーブルをとめるアンカレイジの2つがある。主塔基礎は、海中につくる。工場でケーソンという鋼鉄の枠をつくり、橋の位置に運んでから、そのなかにコンクリートをつめる。

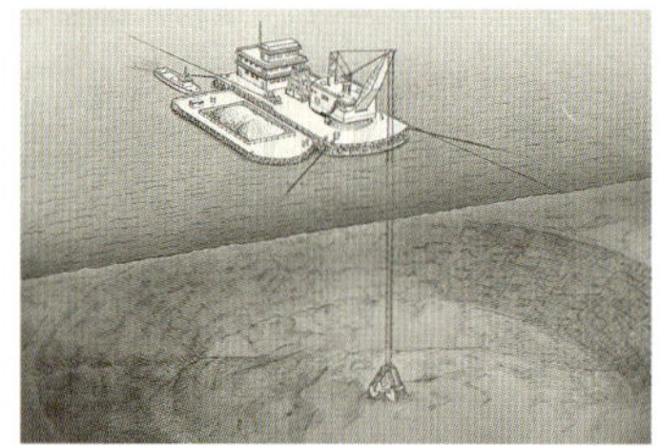

❶人間の手の形をした大きな鉄のグラブバケットで土や岩をつかみとり、海底を掘って平らにする。

❷二重のかべからできている直径約80mのドーナツ型の鋼鉄ケーソンを工場でつくる。ケーソンの底をふさいで海の上に浮かべる。

❸ケーソンをタグボートで所定の位置まで運ぶ。

❹ケーソンのなかに海水を入れてしずめる。

❺ケーソンのなかに、コンクリートをつめる。

写真・資料提供：公益社団法人土木学会

# ⑤海ほたるの構造

**海の上をずっとのびてきた橋が、海の真ん中で海にもぐっていくようにみえるふしぎな景観。海ほたるは、どんな構造になっているのでしょうか。**

## 「海ほたる」は人工島

「海ほたる」は、東京湾を横断して神奈川県川崎市と千葉県木更津市をむすぶ自動車専用道路「東京湾アクアライン」上にあるパーキングエリア。

東京湾アクアラインは、全長15.1km。川崎側の9.5kmが海底トンネル、木更津側の4.4kmが橋になっていて、トンネルと橋の接続部分に豪華客船をイメージした人工島の「海ほたる」(木更津人工島)がある。

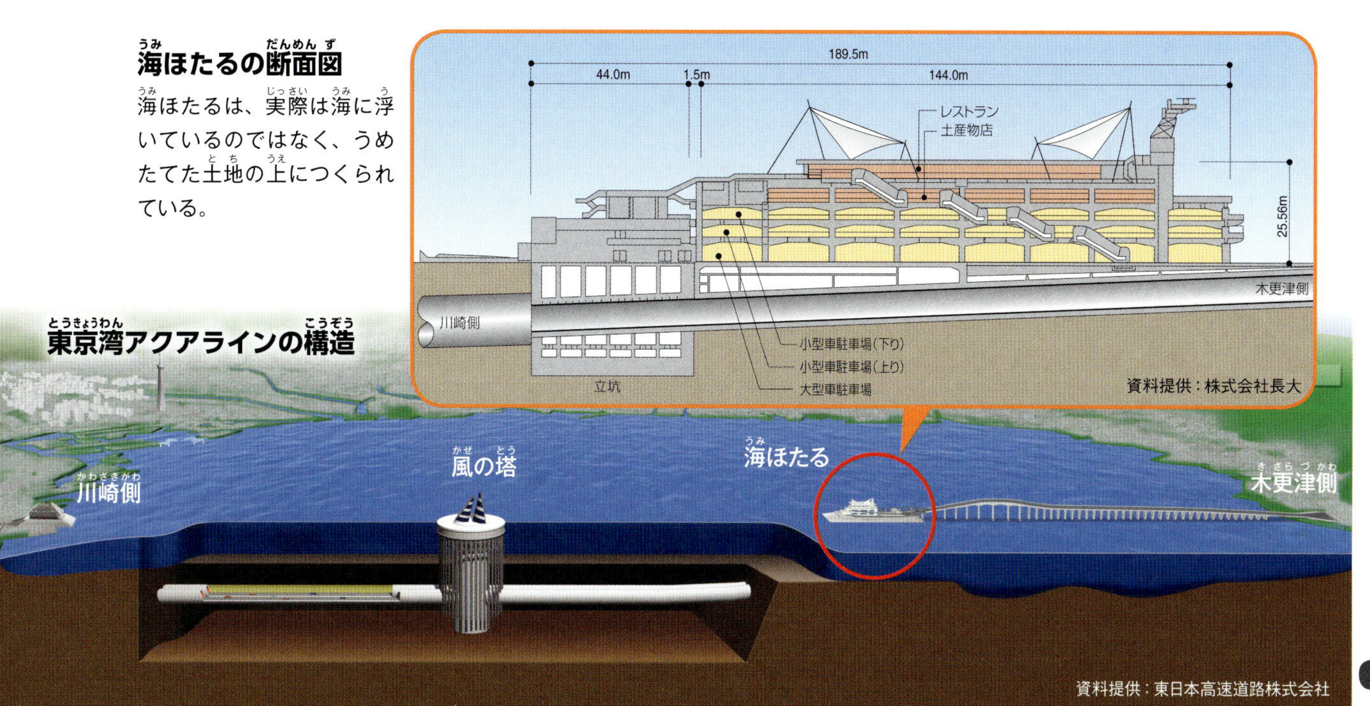


**海ほたるの断面図**

海ほたるは、実際は海に浮いているのではなく、うめたてた土地の上につくられている。

資料提供：東日本高速道路株式会社

# ⑥海底から資源をとりだす

右の写真は、どれも石油や天然ガスを海底から得るための設備です。水面下のようすは下のイラストのようにそれぞれことなり、大きく「固定式」と「浮体式」プラットホームに分かれます。

固定式プラットフォーム

浅い海では固定式が活躍！

300m

海底パイプライン

### 固定式プラットフォーム

海底にプラットフォームを固定する方式。設備本体のほかに海底パイプライン、陸上の貯蔵タンク、港湾積出施設などを必要とする。

### TLP（緊張係留式プラットフォーム）

半分海にしずめた浮体設備を、海底に打った基礎杭に鋼管で係留した洋上プラットフォーム。鋼管には常に緊張力が生じているため、ゆれが少ないのが特徴。

### スパー

たて長の円筒形の大型ブイを係留索で係留した浮体構造物。

円筒形の大型ブイ

鋼管

海底と固定するための係留索

浮体式は水深1000m以上の開発も対応！

資料・写真提供：三井海洋開発株式会社

## セミサブマーシブル

「半潜水型」ともいわれ、構造物の下半分ほどが水面下にしずみこんでいる浮体構造物。波や潮流の影響を受けにくい構造になっているため、悪天候の海象条件でも安定した状態を確保することができる。

## FPSO（浮体式海洋石油・ガス生産貯蔵積出設備）

FPSO（Floating Production, Storage and Offloading system）は、洋上で石油・ガスを生産し、生産した原油を設備内のタンクに貯蔵して、直接輸送タンカーへの積出をおこなう設備であり、タンカーの形をしていることが多い。円筒型の回転する係留装置をもつタイプのFPSOは、その装置を中心に船体がかざみどりのように自由に回転し、波や風、潮流からの力を受け流し、過酷な海象条件下でも安定して操業を続けることができる。

# ⑦深海を調査する

JAMSTEC（→p92）が研究開発した、深海を調査する有人・無人探査機をみてみましょう。こうした科学技術のおかげで、人類は、水面下の深部まで知ることができるようになりました。

## 有人潜水調査船「しんかい6500」

人が乗って直接海底を観察できる。深海のようすをカメラで撮影したり、マニピュレータという人間の手と同じように動く機械のうでで、海底にあるものを調べたり、採取したりできる。

「しんかい6500」は、支援母船「よこすか」に乗せられて目的地まで運ばれ、目的地につくと、母船から海におろされて、もぐりはじめる。

有人潜水調査船「しんかい6500」
●最大潜航深度：6500m
●乗船人員：観察者1人、操縦者2人

## 無人探査機ROVと自律型無人探査機AUV

無人探査機ROV（Remotely Operated Vehicle）は、母船とケーブルでつながった、リモートコントロールの探査ロボット。母船に乗船した人が遠隔操作をおこなう。自律型無人探査機AUV（Autonomous Underwater Vehicle）は、動力源と位置検出センサーを搭載し、あらかじめコンピュータに設定しておいたシナリオにしたがって、自力で設定した目標に向かって航行することができる。

無人探査機「かいこう」システム
●最大潜航深度：7000m

深海巡航探査機AUV「うらしま」
●最大使用深度：3500m

## 地球深部探査船「ちきゅう」

「ちきゅう」は深海の調査船ではなく、海底下深部を探査するために開発された船だ。地殻の厚い陸地からではなく、地殻のうすい海底から地球の内部に向けて掘りすすみ、地殻の下のマントルに到達することをめざしている。

海面から
掘削パイプをのばし、
海底を掘る！

海底
地殻
マントル

地球深部探査船「ちきゅう」
●全長210m（新幹線約8両分）、幅38m、
中央のやぐらの船底からの高さ130m（30階建てビルくらい）
●掘削能力：7000m

写真・資料提供：JAMSTEC

2017年8月、黒潮（→p58）による海流発電の実証試験*完了

# ⑧海洋エネルギー開発

**海には、大きなエネルギーが存在しています。領海と排他的経済水域（→p93）を合わせて世界6位の面積を保有する日本は、海洋エネルギー活用が期待されています。**

## 海流発電

海流発電は、海流（→p58）を利用して、海中に設置した発電機により発電するしくみ。周囲を海にかこまれた日本は、年間を通じて安定して流れる黒潮などの強い海流があり、これらを活用した海流発電の試験を段階的に進め、実用化をめざしている。上の写真は、口之島沖でおこなわれた、水中浮遊式海流発電システム100kW級実証機「かいりゅう」による実証試験準備作業のようす。

海流発電のほか、潮汐（→p59）や波の力、海面と深海の海水の温度差などを利用する発電の研究・開発も進んでいる。

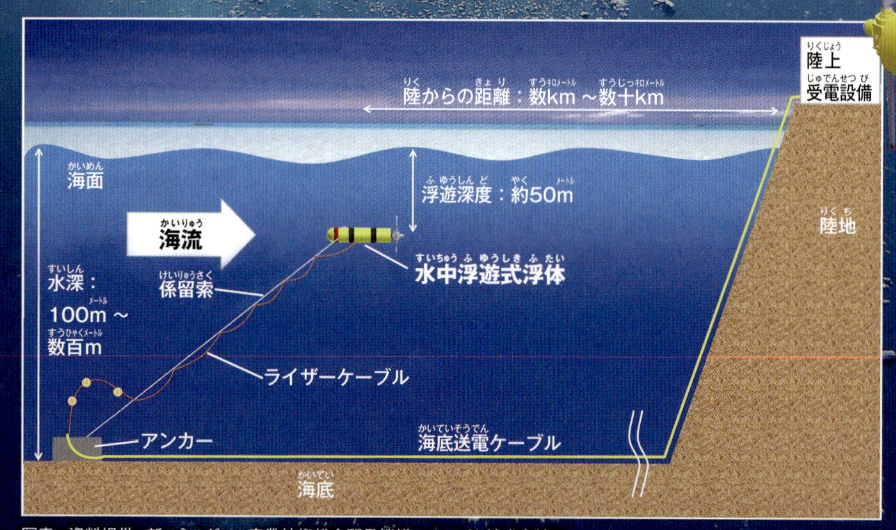


**水中浮遊式海流発電システムの設置イメージ**

深さ100m～数百mの海底に設置したアンカーから、水中浮遊式浮体（上写真）を海中（水深約50m）に係留し、海流によって、タービン水車を回転させることで発電する。発電した電気は、海底送電ケーブルを通じて陸上に送られる。

*新開発の製品・技術などを、実際の場面で使用し、実用化に向けての問題点を検証すること。

写真・資料提供：新エネルギー・産業技術総合開発機構(NEDO)、株式会社IHI

ものしり雑学

# 深海の未来都市

海面に浮かぶ直径500mの球体状の都市のエントランス

人類が、ジュール・ヴェルヌの時代から追いつづけてきた「海中でくらす」という夢。いままで多くの挑戦がされ、海中のレストランやホテル(→p81)などは実現しています。海中で快適に生活できる時代はすぐ近くまできているかもしれません。

## なぜ海中にすむの？

海中には、次のような魅力があるとされる。

- 海流発電や温度差発電などの海洋エネルギー活用
- 深海水圧による海水の淡水化
- 深海での養殖などの水産資源の活用
- 海底や海中の資源開発 など

また、海底の微生物をつかって二酸化炭素（$CO_2$）から天然バイオガスをうみだす研究も進んでいて、地球温暖化対策に有効と考えられている。

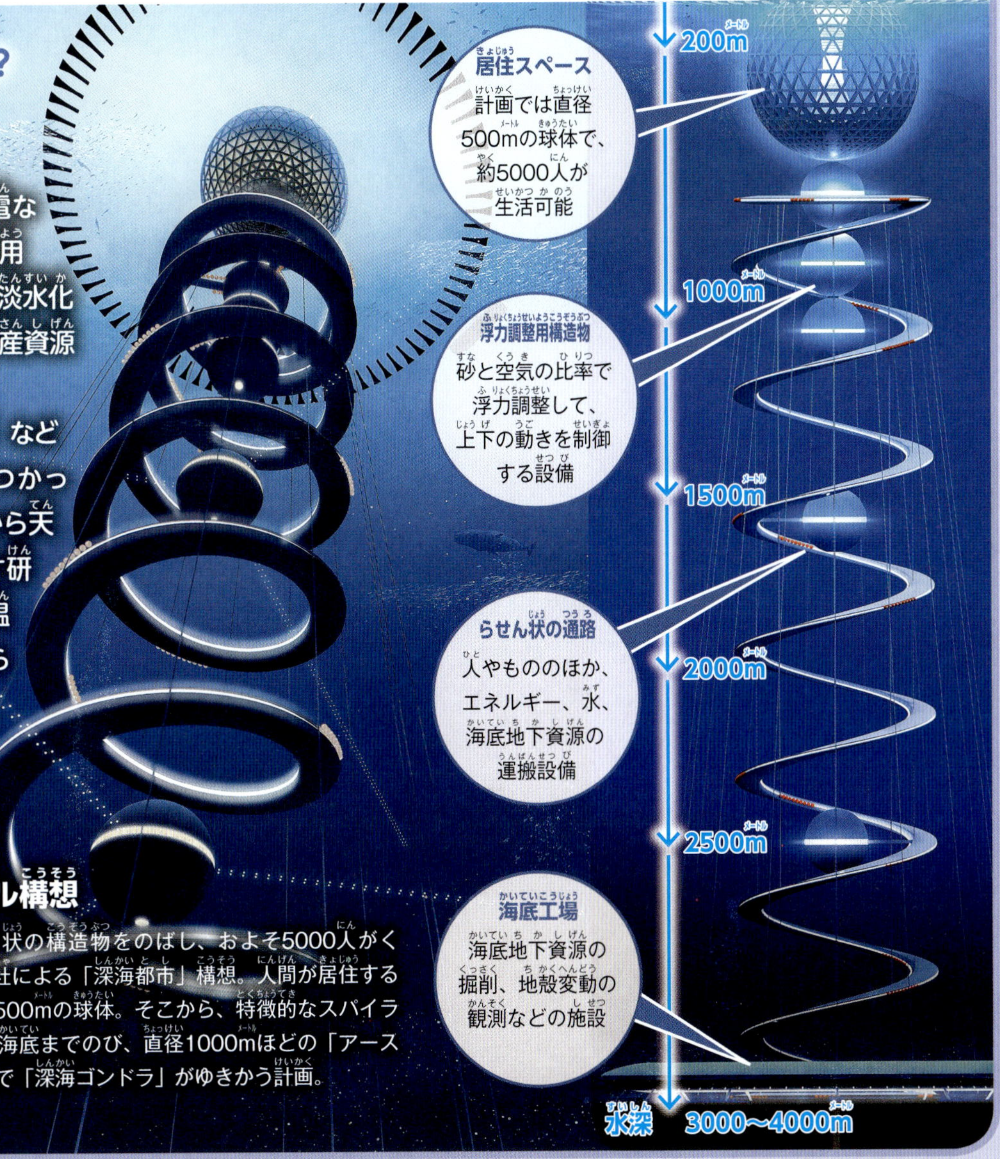

**居住スペース**
計画では直径500mの球体で、約5000人が生活可能

**浮力調整用構造物**
砂と空気の比率で浮力調整して、上下の動きを制御する設備

**らせん状の通路**
人やもののほか、エネルギー、水、海底地下資源の運搬設備

**海底工場**
海底地下資源の掘削、地殻変動の観測などの施設

200m
1000m
1500m
2000m
2500m
水深 3000〜4000m

## オーシャンスパイラル構想

水深3000〜4000mにらせん状の構造物をのばし、およそ5000人がくらすという、清水建設株式会社による「深海都市」構想。人間が居住するのは海面近くに位置する直径500mの球体。そこから、特徴的なスパイラル構造物が3000〜4000mの海底までのび、直径1000mほどの「アースファクトリー」（海底工場）まで「深海ゴンドラ」がゆきかう計画。

写真・資料提供：清水建設

ヒューロン湖（カナダ）の沈没船
写真：All Canada Photos/アフロ

# 水面下の人類の遺産とは？

人類の長い歴史のなか、戦争や事故などで水面下にしずんだ船は無数にあります。
ときには、その船が発見されることもあります。
沈没船のなかでみつかったものは、だれのものでしょうか？

## みつかった場所や国でちがう

日本では、地下からみつかった場合は「遺失物」あつかいになる。財布などを拾ったことと同じで、落とし物として警察にとどける。
水面下でみつかった場合は「水難救護法」が適用され、とどけ出先は沿岸部の各市町村になる。
発見したものがむきだしの状態のときには6か月、船内にあった場合は1年間、所有者があらわれるのを待ち、あらわれなかった場合にはすべて発見者のものとなる。所有者があらわれた場合でも、所有者は発見物の価値の3分の1に相当する金額を発見者に支払うことになっている。
国外の場合、それぞれの国によってことなり、裁判で所有権や分配率を決めることもある。
イギリスには「財宝法」という法律があり、300年以上前の金や銀は「財宝」と定義され、「王室の所有物」とみなされる。発見者はとどけ出なければ罪になるが、とどけ出れば、発見者と土地所有者に財宝の価値にみあった報酬が支払われるので、たいせつな文化遺産の国外への流出をくいとめることに役立っているという。

中世に建設された村の遺跡がしずむイタリアのカポダックアの湖。

## 水面下に人類が残した遺産

世界の海には、沈没船だけでも約300万隻あるといわれている。このほか、地殻変動により水中にしずんだ古代遺跡などもたくさん発見されている。これらは、歴史的・文化的な資料として価値をもっていることから、人類の文化遺産と考えられるようになった。

けれども、国際的なルールがないなか、近年の水中探査技術の発達によって、金銭的な価値の高いものだけを目的とするような大規模な引きあげ・売買が少なからずおこなわれてきた。これは、科学的な研究がおこなわれず、財宝以外が破壊されてしまうというような問題を引きおこしていた。

1982年に採択された「国連海洋法条約」は、水中文化遺産保護も盛りこまれたものの、規制が弱く、効果がなかったとされる。その後2001年に、無秩序な引きあげを規制するために、UNESCO（国際連合教育科学文化機関）により「水中文化遺産保護条約」が採択された（日本は未批准）。

日本でも、2012年3月に、元寇に関連ある「鷹島神埼遺跡」（長崎県松浦市）が、国内の水中遺跡としてはじめて国史跡に指定されるなど、国の内外で、水中文化遺産保護の意識が高まりつつある。

2011年秋、鷹島神埼遺跡を調査していた琉球大学の研究グループは、水深20～25mの海底を約1m掘り下げたところから軍船の一部を発見した。　写真：松浦市教育委員会

もっと知りたい

### 水中文化遺産保護条約

水中文化遺産保護条約は、2001年のUNESCO総会で採択された、沈没船や海底遺跡などの水中文化遺産の保護を目的とした条約。条約では、少なくとも100年間水中にある文化遺産を水中文化遺産と定義して保護の対象とし、水中文化遺産の商業目的利用の禁止、現状での保全の優先、専門家による調査の徹底などを定めている。2009年1月から発効されたが、日本やアメリカ、イギリスなどは、排他的経済水域（→p93）の管轄権の問題などを理由に批准していない。

# 用語解説

五十音順　右がわの数字は用語が登場するページ

**畔** ……17

水田と水田との間に土を盛りあげてつくった小さな堤。水をためるとともに、境界・通路とする。

**畝** ……19

畑で作物をつくるために（何本も間隔を空けて）細長く直線状に土をもりあげたところのこと。

**塩分躍層** ……66

淡水（あるいは塩分のうすい水）と海水（塩分の濃い水）では、海水のほうが重い（密度が大きい）ため、淡水は上層、海水は下層と層をなし、その境界がはっきりと分かれる。2つの層の境界では塩分が急激に変化する。この塩分が急に変化する層を塩分躍層という。

**海嶺** ……70、74

大洋底にある海底山脈。急斜面をもつ細くて長い高まり。「中央海嶺」と、それ以外の別の成因をもつものとに分類される。この本では中央海嶺のことをさす。中央海嶺は、高温のマントル物質が地球内部から上昇してマグマが発生し、海底火山活動がさかんな海底山脈。新しい海洋プレートがつくられ、大洋底を広げている場所だとされる。

**化学合成** ……50、71

細菌類が光合成のような光エネルギーを用いないで、無機物を酸化・還元して得られるエネルギーを用いて、二酸化炭素から有機物を合成すること。⇔ 光合成

**干潮** ……13、59

潮が引いて海面が低く下がりきった状態。引き潮。⇔ 満潮

**光合成** ……20、40、48、50

緑色植物や光合成細菌が光エネルギーを利用して、二酸化炭素と水から有機物（糖）を合成すること。緑色植物の光合成は葉緑体でおこなわれ、このとき酸素が発生する。
⇔ 化学合成

**勾配** ……22

水平面に対する傾きや、傾斜の度合いのこと。土地の傾きのほか、住宅の屋根や配管の傾斜などもいう。

**弧状列島** ……70

大洋と大陸との境に位置し、湾曲して大洋のほうに弓なりにふくらんだ面を向けている列島。大洋側に海溝があり、列島上には活火山を伴う。西太平洋の周辺では日本列島・琉球列島・アリューシャン列島などがその例である。「島弧」ともいう。

**刺胞動物** ……40

無脊椎動物の門のひとつ。ヒドラ・イソギンチャク・サンゴ・クラゲの一部などをふくむなかま。さわると、毒のある微小な針の出る刺胞細胞をもっている。体は円筒形か、つぼ形で、なかの空所を腔腸といい、ここで消化をおこなう。こう門はなく、口から入れて口から出す。口のまわりに多数の触手がある。

**JAMSTEC** ……71、86

JAMSTEC（国立研究開発法人海洋研究開発機構）は、平和と福祉の理念に基づき、海洋に関する基盤的研究開発、学術研究協力などの業務を総合的におこなうことにより、海洋科学技術の水準の向上を図るとともに、学術研究の発展に資することを目的とした組織。

**種子植物** ……38

植物の分類上の門のひとつ。もっとも高等な一群とされ、花をつけ、種子をつくる植物の総称。完全な根・茎・葉の3部分の区別があきらかで、水や養分の通路としての維管束がよく発達し、もっとも水からはなれて生活できるように進化している。葉緑体をもち、光合成をおこなって、水と二酸化炭素からでんぷんなどの養分を合成する。裸子植物と被子植物に大別される。

**針葉樹**……………………………… 36、37

スギ、ヒノキ、マツ類、モミなど、針のように細長くかたい葉をもつ樹木の総称。植物分類上では裸子植物中の球果植物類とイチイ類にまとめられる。温帯〜亜寒帯に多く群生する。

**生態系**………………………… 14、32、48、71

自然界のある地域にすむすべての生き物と、それらの生活に関係する環境とを一体としてみたもの。生態系では生産者（植物）・消費者（動物や魚）・分解者（菌類や細菌類）による物質循環がみられる。植物が光合成で養分をつくり、その植物を動物が食べる。動物が死ぬと、微生物が分解し、その養分を植物が取りいれる。このように、生態系では生き物がそれぞれの役割を担当している。気候の変化や人間の活動により、ある生き物の数が大きく増えたり減ったりすると、生態系に乱れが出て、ほかの生き物全体にも影響が出る。

**堆積** ………………………………23、27、74

水や風などによって移動した土や石などが、水底や地表などに積もること。

**デルタ**……………………………… 13、55

河川によって運ばれた土砂が河口付近に堆積してできた低くて平らな地形。枝分かれした2本以上の河川（分流）でかこまれた三角形に近い形をしていて、ギリシア文字のデルタ（Δ）に似ている。デルタ地帯、または三角州ともよばれる。

**排他的経済水域**………………………… 88、91

略称EEZ（Exclusive Economic Zone）。沿岸国の権利がおよぶ領海の外側にあり、沿岸から200海里（約370km）以内の海域。鉱物資源や水産資源の採取・開発といった経済的活動をする権利が、沿岸国にみとめられている。

**氾濫原**………………………………………13

河川の近くにあって、洪水時に浸水を受ける範囲の低地。

**干潟** ……………………………………34

河川が運んだ土砂が湾奥や河口付近の海底に堆積し，干潮の際に海面上へすがたをあらわしたもの。有機物を多くふくむ土砂は，干上がった際に空気にふれて酸素が供給されるため生物の生息環境としてはきわめて良好であり，微生物のみならず魚介類・鳥類も多く集まり豊かな生態系を育む役割を果たしている。

**偏西風**……………………………………60

南北両半球で極をとりまいて西から東に吹く大規模な帯状の空気の流れ。北緯または南緯30度から60度付近にかけて、中緯度上空にみられる。天気が西から東へうつりかわるのは、偏西風の影響による。

**貿易風**……………………………………60

緯度がおよそ30度付近の亜熱帯高圧帯から赤道に向かって吹く風。北半球では北東貿易風、南半球では南東貿易風とよばれる。

**胞子** ……………………………… 28、38

シダ植物、コケ植物および藻類、菌類（キノコ・カビ・酵母など）、あるいは原生生物のうちの変形菌などが形成する生殖細胞。

**満潮** …………………………13、32、59

潮が満ちて、海面が上がりきった状態。満ち潮。⇔ 干潮

**ミネラル**…………………………………65

一般的な有機物にふくまれる4元素（炭素・水素・窒素・酸素）以外の必須元素である。無機質ともいう。蛋白質、脂質、炭水化物、ビタミンと並び五大栄養素のひとつとして数えられる。

**領海** ……………………………………88

領土と同じく、その国の主権がおよぶ海域。沿岸から最大12海里（約22.2km）までの範囲で設置することができる。

# さくいん

## た行



## な行



## は行



## ま行



## や行



## ら行



## わ行

**企画・構成・文／稲葉茂勝**（いなば　しげかつ）

1953年東京都生まれ。大阪外国語大学、東京外国語大学卒業。子ども向け書籍のプロデューサーとして多数の作品を発表、総数は1000作品を超える。自らの著作は、この「目でみる」シリーズのほか、『世界の言葉で「ありがとう」ってどう言うの？』（今人舎）など。国際理解関係を中心に著書・翻訳書の数は、80冊以上にのぼる。2016年9月より「子どもジャーナリスト」として、執筆活動を強化しはじめた。

**編集／こどもくらぶ**

こどもくらぶは、あそび・教育・福祉分野で、子どもに関する書籍を企画・編集している。おもな作品に『目でみる単位の図鑑』『目でみる算数の図鑑』『目でみる１mmの図鑑』『目でみる地下の図鑑』『信じられない現実の大図鑑』『0歳からのえいご絵ずかん』『小学生の英語絵ずかん』『できるまで大図鑑』（以上、東京書籍）、『ルイ・ブライユと点字をつくった人びと』『政治のしくみを知るための 日本の府省 しごと事典』（以上、岩崎書店）、『しらべよう！ 世界の料理』『演奏者が魅力を紹介！ 楽器ビジュアル図鑑』（以上、ポプラ社）など、毎年100〜150タイトルほどの児童書を企画、編集している。

ホームページ　http://www.imajinsha.co.jp

※この本のデータは、2018年5月までに調べたものです。

装幀／松田行正＋杉本聖士（マツダオフィス）

企画・制作／エヌ・アンド・エス企画
石原尚子、二宮祐子、中嶋舞子、木矢恵梨子、古川裕子、長野絵莉、関原瞳、根本知世、菊地隆宣、吉澤光夫、尾崎朗子、矢野瑛子、石井友紀

**写真協力**
© 鮎川村、© WavebreakMediaMicro、© m_taku、© ziggy 、© sgt1、© kitsune、© mayudama、© paylessimages、© crane、© MP_P、© moonrise、© ktwatanabe、© sakura、© photolife95、© T-Kai、© reikaphoto、© kengo miura、© kenmayu1010、© carrottomato、© Miyuki Ogiso、© moonrise、© Microgen、© damedias、© Richard Carey、© damedias、© divedog、© 鈴鹿 清水、© 7maru、© Artem Solovev、© chihuahua55、© para827、© motionimaging、© yuki_318、© Grispb、© 雅也 三浦、© Oleksii Fadieiev、© san724、© RomoloTavani、© paylessimages、© Susana、© willtu、© shamosan / - Fotolia.com
© entraille.japon、© zakusaise、© Hiroko、© takocchi、© bloodua 、© インディ、© ともりん / PIXTA
© Chris Van Lennep、© Stef22、© Wisconsinart、© Wim Michiels、© Alptraum、© Lanaufoto、© Julia Kennedy、© Isselee、© Vladimir Blinov、© Hecke01、© Gino Rigucci、© Svetlana Yudina ¦ Dreamstime.com、
© Andrew Dunn、© Jacques Descloitres, MODIS Land Rapid Response Team, NASA/GSFC、© Leruswing、© Daniel Schwen、© Alexey Potov

**監修協力**
p48-51 土田真二（海洋研究開発機構）
p64-65 纐纈慎也（海洋研究開発機構）

**おもな参考資料**

『アンダーアース・アンダーウォーター　地中・水中図鑑』（徳間書店）
『科学のアルバム　水生昆虫のひみつ』（あかね書房）
『海まるごと大研究　1「海は動く」ってどういうこと？』（講談社）
『海まるごと大研究　2 深海に温泉があるってほんと？』（講談社）
『図解　日本列島100万年史　1 誕生のふしぎ』（講談社）
『図解　日本列島100万年史　2 大地のひみつ』（講談社）
『見たい！知りたい！フロンティア探検　1 深海のなぞ』（WAVE出版）
『見たい！知りたい！フロンティア探検　2 地底のなぞ』（WAVE出版）
『南極から地球環境を考える　3 南極と北極のふしぎQ&A』（丸善出版）
国土地理院ホームページ
環境省ホームページ
ほか、各機関ホームページ

# 目でみる水面下の図鑑

2018年 8月 8日　　初版第１刷発行

編　者　こどもくらぶ
発行者　千石雅仁
発行所　東京書籍株式会社
〒114-8524　東京都北区堀船2-17-1
電話 03-5390-7531（営業）03-5390-7508（編集）
https://www.tokyo-shoseki.co.jp
印刷・製本　図書印刷株式会社


ISBN 978-4-487-81176-2 C0640